CATALOGUE

DES PLANTES

QUI CROISSENT

AUTOUR DE DINAN ET DE SAINT-MALO

BORDEAUX. — IMPRIMERIE DE F. DEGRÉTEAU ET Cⁱᵉ
Rue du Pas Saint-Georges, 28.

CATALOGUE

DES PLANTES

QUI CROISSENT

AUTOUR DE DINAN ET DE SAINT-MALO

AVEC

NOTES ET DESCRIPTIONS POUR LES ESPÈCES CRITIQUES OU NOUVELLES

PAR

P. MABILLE

PROFESSEUR AU LYCÉE IMPÉRIAL DE BASTIA,
membre de plusieurs Sociétés savantes.

(Extrait des ACTES de la Société Linnéenne de Bordeaux, t. XXV, 6e livraison.)

BORDEAUX

CHEZ CODERC, DEGRÉTEAU ET POUJOL

(MAISON LAFARGUE)

Rue du Pas Saint-Georges, 28.

1866

A MONSIEUR

HENRY DE FERRON

—

Mon cher Ami,

Voici une liste qui vous fera passer en revue des êtres que vous aimiez beaucoup jadis; c'est le fruit de nos études communes; je vous l'offre comme un souvenir des années que nous avons passées ensemble.

Forsan meminisse juvabit.

CATALOGUE

DES PLANTES

QUI CROISSENT

AUTOUR DE DINAN ET DE SAINT-MALO

AVEC NOTES ET DESCRIPTIONS POUR LES ESPÈCES CRITIQUES OU NOUVELLES

PROLÉGOMÈNES

Je publie aujourd'hui le résultat de cinq années d'herborisations ; c'est un catalogue où j'ai consigné toutes les remarques et toutes les observations que j'ai crues curieuses ou utiles à la science. Je ne m'étais d'abord proposé d'autre but que celui de décrire, comme en un tableau, la végétation de la côte septentrionale de la Bretagne ; mais je me suis vu entraîner par mon sujet même, et j'ai voulu faire connaître d'une manière plus complète un pays peu exploré jusqu'à présent. J'ai donc divisé mon travail en deux parties : la première sera consacrée à la description de la contrée, de son aspect, de son sol, à des considérations de géographie botanique. La seconde contiendra le catalogue des plantes qui y croissent, avec des notes sur leurs formes et la description des espèces intéressantes, critiques ou nouvelles.

Je dois d'abord parler des livres que j'ai consultés plus particulièrement et de la classification que j'ai suivie ; pour celle-ci, j'ai pris le Synopsis de Koch ; c'est l'ordre que M. Lloyd a adopté dans la Flore de l'Ouest. Je commence par rendre justice à ce dernier ouvrage, qui a toujours été mon guide. Son auteur me permettra ici une petite réclamation : Les formes et les variétés ne sont pas toutes décrites dans sa Flore ; et cela est regrettable, dans un livre que sa grande clarté et son excellente méthode destinent à tous les commençants. Je prends donc la liberté de plaider la cause des formes et des variétés, leur étude est importante, surtout aujourd'hui qu'on publie, dans toutes les parties de l'Europe, une quantité d'espèces nouvelles. Ce sont elles qui caractérisent la Flore de l'Ouest ; en même temps, je m'empresse d'offrir à l'éminent botaniste qui connaît si bien les plantes de cette contrée, mes remercîments, comme un faible témoignage de la reconnaissance que j'aurai toujours pour ses excellents conseils. Si j'ai montré quelque ardeur pour la recherche et l'étude des plantes, c'est à lui que je le dois, et je ne désire d'autre récompense que son approbation.

Les autres auteurs que j'ai consultés et qui ont traité, même d'une manière indirecte, de la Flore Bretonne, sont en petit nombre ; je ne citerai que ceux qui sont indispensables à celui qui veut étudier la végétation de la côte septentrionale.

J'ai déjà parlé de la Flore de l'Ouest. Je renvoie le lecteur à son excellente Introduction. Il faut ajouter :

La Flore de la Loire-Inférieure, du même auteur. Nantes, 1844 ;

La Flore du Morbihan , par Le Gall ;

La Flore des Côtes-du-Nord, par Ferrary ;

La Flore de la Normandie, par M. de Brébisson ;

Et la Flore du Centre, par M. Boreau.

La Flore du Morbihan m'a sans doute été utile ; mais la côte du nord diffère tant de la côte méridionale, que je n'ai pu y trouver tous les secours que j'espérais. Quant à la Flore de M. Ferrary, elle est comme non avenue. Le mérite d'une Flore locale consiste dans les localités découvertes par son auteur, dans l'exactitude des remarques et des indications. Ici, rien de tout cela, rien qui montre que l'ouvrage ait été fait en Bretagne plutôt que partout ailleurs. Il y a un mélange étonnant des plantes du terrain calcaire et du terrain granitique ; c'est une compilation que les rééditions n'ont corrigée qu'en partie, et capable d'induire en de graves erreurs celui qui la voudrait suivre.

La Flore de la Normandie, ouvrage digne de sa grande réputation, m'a été beaucoup plus utile. J'ai conservé le nom des nombreuses formes qu'elle signale. Enfin, la Flore du Centre de M. Boreau, est un vaste répertoire de Botanique , où il faut toujours chercher, quand on veut réduire tous les aspects que peut prendre une plante.

J'avais commencé à réunir les matériaux d'une étude sur la Flore cryptogamique de la presqu'île ; mais, outre que le temps me faisait défaut, je dois laisser à d'autres un travail qui réclame plus que la vie d'un homme. Je me suis contenté de cataloguer toutes les muscinées que j'ai pu rencontrer. Cette liste n'est certes pas complète ; il y a trop de localités que je n'ai pas visitées en temps utile. Quoi qu'il en soit, j'espère avoir rendu service à celui qui entreprendra la Bryologie Armoricaine. Je prie M. Bescherelle, auteur des Muscinées des environs de Paris, de recevoir mes remercîments pour ses bons conseils, qui m'ont puissamment aidé dans une étude aussi attrayante que difficile. Enfin, je suis heureux de pouvoir témoigner publiquement à M. P. Schimper, l'illustre auteur du *Synopsis Muscorum Europœorum*, ma reconnaissance pour sa bienveillance et ses précieuses observations.

Je passe maintenant à la description du pays. Faire connaître la nature et l'aspect du sol est, je crois, une partie de la botanique ; c'est étudier les mœurs et la vie même des plantes.

Le pays que j'ai parcouru ne laisse pas d'être assez étendu. Comparé à la surface des cinq départements bretons, il est à coup sûr bien restreint ; mais il n'en est pas de même de sa Flore, dont les espèces s'élèvent presque jusqu'à 1,000. On sait qu'il n'y en a guère plus de 1,300 dans la presqu'île entière.

Dinan n'est pas placé au centre de la contrée dont je vais tracer les limites ; il est à l'une des extrémités, et à-peu-près à égale distance de l'embouchure et de la source de la Rance, dont il domine la vallée du haut du rocher où il est bâti. Je ne me suis pas renfermé dans les divisions administratives, qui n'ayant consulté ni la configuration du sol ni la nature, sont purement arbitraires. Au N. la côte m'a servi de limite depuis la baie de Cancale en Ille-et-Vilaine, jusqu'au Gouessan ou rivière de Morieux au N.-O. A partir de Morieux, c'est-à-dire à l'O. et au S.-O., les points extrêmes que j'ai atteints peuvent être reliés par une ligne qu'on ferait passer par Lamballe, Montcontour, Collinée et le versant méridional du Menez, en touchant à la forêt de Loudéac. Au S. et au S.-E., la même ligne remonterait vers le N. en partant de Menez, enfermerait la forêt de Boquien et les côteaux de Guenroc, passerait à l'extrémité du calcaire de Saint-Juvat vers Tréfumel, et de là, entrant en Ille-et-Vilaine à Trévérien, irait rejoindre la baie de Cancale, sans envelopper Dol et son marais que je n'ai pu explorer.

J'ai cité plusieurs fois la forêt de Loudéac, qui est cependant en dehors de mes limites ; je l'ai fait parce que je suis persuadé que les espèces qui y croissent se retrouveront plus près de Dinan : cela s'est déjà confirmé pour plusieurs. Je dois la connaissance de cette localité à mon excellent ami, M. Henri de Ferron, et je me fais un plaisir de lui rendre ici justice. Botaniste désintéressé, il n'a cessé de m'accompagner dans mes plus lointaines excursions, m'a transmis toutes ses découvertes, et a toujours été pour moi le compagnon le plus aimable et l'ami le plus dévoué.

Peu de botanistes ont exploré la région que je décris ; personne, à ma connaissance du moins, n'a séjourné dans le pays pour y herboriser d'une manière suivie. J'en excepte M. H. de Ferron, qui, comme je l'ai dit, m'a fait voir tout ce qu'il a trouvé, et dont les découvertes sont confondues dans ce catalogue avec les miennes. Voici, du reste, les noms de ceux qui ont vu Dinan ou ses environs : Le premier qui se présente à nous est Du Petit-Thouars. Au commencement du siècle, il résida à Saint-Malo, et c'est lui qui fournit à De Candolle des renseignements assez précis sur les plantes de la côte : il est cité dans la Flore Française. Les lieux ont bien changé depuis son époque, et quoiqu'on retrouve encore entre Paramé et Saint-Malo le *Polypogon Monspeliensis*, on ne peut y rencontrer le *Scirpus Michelianus*, qu'il y avait découvert. Vers 1833, un naturaliste distingué et bon observateur, Bachelot de la Pylaie, parcourut les environs de Dinan. En 1835, il publia, dans l'*Annuaire Dinanais*, une étude géologique et conchyliologique sur le calcaire de Saint-Juvat. Il ne paraît pas s'être occupé des phanérogames. C'est lui qui découvrit, à Fougères, le *Pterygophyllum lucens*, que j'ai retrouvé à Coëtquen et à Bobital.

Viennent ensuite plusieurs botanistes que je ne connais que par les citations de la Flore de l'Ouest, ou par quelques notices. Je citerai MM. Degland, qui a parcouru la vallée de la Rance ; Le Gall, qui a vu Dinan et Saint-Malo ; J.-M. Sacher, Despréaux, Delise et Godefroy. C'est à ces deux derniers savants cryptogamistes que M. Lloyd attribue la découverte du *Polypodium Dryopteris*, dans le chemin de Dol à Saint-Malo. Je n'ai pas été plus heureux que ceux qui ont essayé avant moi de retrouver cette plante.

Je n'ai plus à citer que M. Bichemin, pharmacien à Lamballe ; j'ai visité le pays où il herborise, et trouvé les espèces qu'il a indiquées le premier ; et enfin M. Lloyd. Il a parcouru toute la côte et suivi l'arête qui forme la ligne de partage des eaux au centre de la presqu'île ; il y a fait de très-belles découvertes. Je n'ai pas toujours eu le bonheur, malgré de bonnes indications, de les retrouver.

La contrée qui a été le théâtre de ces herborisations est une partie du

versant N.-E. de la Bretagne, inclinée vers la mer à partir du Menez.
Elle est traversée par plusieurs cours d'eau, dont le plus considérable
est la Rance. Ces ruisseaux ou rivières coulent au fond de profondes vallées qui souvent sont parallèles entre elles et se dirigent vers l'Océan.
Toutes ces vallées sont formées par de hauts côteaux où s'entassent des
rochers nus, à l'aspect sauvage et pittoresque ; la plus remarquable est
celle de la Rance. Cette rivière prend sa source dans le Menez derrière
Collinée ; son cours, qui se dirige d'abord vers le N.-E., tourne brusquement à Saint-André-des-Eaux vers le N., et va se jeter à la mer par
une embouchure d'une lieue de large. Les hauts côteaux ne commencent
guère qu'au-dessous de Saint-André ; mais, à partir de là, ce n'est
plus qu'une suite de sites et de paysages d'une beauté singulière et frap-
pante. Un des jolis voyages que l'on puisse faire, c'est celui de Dinan à
Saint-Malo par la rivière ; le bâteau à vapeur fait défiler devant les yeux
du spectateur des collines gigantesques qui atteignent souvent 100 mètres
d'altitude ; des rochers abruptes, semblables à de vieilles et hautes murailles, des gorges profondes, des sommets boisés ou peuplés d'une
multitude de blocs de granit accumulés, des villages, des grèves, des
plaines d'eau immenses, et enfin le splendide panorama de l'embouchure de la rivière avec ses deux villes et ses bourgs. Toutes les fentes
qu'offrent les rochers, ces bois humides, ces haies, ces pelouses, ces
petits ruisseaux formés dans les vallées latérales, sont d'excellentes
localités pour le botaniste, et qui peuvent être comparées à celles du
littoral.

Les autres vallées, surtout celles de l'intérieur, sont moins belles que
celle de la Rance ; mais qui a vu celle-ci peut se faire une idée sommaire
des autres ; je n'en parlerai donc pas. Je les ai toutes visitées, et chacune d'elles renferme quelque chose de curieux.

Quand on se dirige vers l'intérieur des terres, le terrain s'élève plus
lentement et d'une manière moins accidentée ; ce sont de grandes ondu-
lations uniformes, à pentes souvent stériles et désolées. On arrive au
Menez : c'est le nom qu'on donne à la première partie de l'arête qui
divise la presqu'île en deux versants, le Menez proprement dit ou Menez
de Montcontour ; c'est un massif composé de plusieurs sommets presque
isolés et dont le plus haut a 340 mètres de hauteur absolue. Ces sommets sont des monticules arrondis, à pentes rases et nues. Rien n'est
triste comme les environs de ces montagnes ; les cultures montent souvent jusqu'au sommet des collines ; quand elles manquent, ce sont des

landes basses, battues des vents, ou des pelouses sèches. Les vallées, arrosées par de nombreuses sources sont trop souvent des marécages ou des prés spongieux : quelquefois on rencontre de vastes dépressions, véritables réceptacles de boue liquide, que les paysans appellent *Cas* ou *Cassières* ; c'est là que le botaniste doit se diriger. Le *Cas des Noës*, près de Collinée, est remarquable par la quantité d'espèces rares qu'il renferme, et dont la plus curieuse est le *Lycopodium Selago* L.

Quand on quitte le Menez pour redescendre dans les plaines, le pays change d'aspect et frappe tout d'abord le voyageur étranger à la Bretagne. Tous les champs sont environnés de hauts talus en terre plantés de grands arbres et de haies épaisses ; la vue est bornée de partout, et l'on croit à une forêt sans issue et sans fin. L'usage est d'émonder à des époques fixes les arbres âgés, et rien n'est bizarre comme ces troncs noirs qui se tordent et se déforment sous les coups de la serpe ; joignez à cela les rangs de pommiers qui traversent tous les champs, et dont les têtes énormes, formées de mille branches, sont toujours chargées d'une végétation de lichens et de gui, qui leur donne une sorte de feuillage jusqu'en hiver. Au printemps, ils se couvrent d'un nuage de fleurs roses ou blanches, qui égaient les champs de leurs couleurs vives et riantes. Parfois l'horizon s'élargit tout-à-coup, et la vue se perd sur une plaine sombre et unie : c'est la lande. Pendant de longs mois elle est triste ; mais, à la fin de l'année, elle s'embellit, elle devient éblouissante. Les ajoncs et les bruyères mêlent ensemble des flots d'or et de pourpre : c'est un océan de verdure avec des îlots de couleurs tranchées et étincelantes. Puis l'horizon se referme et les grandes haies recommencent.

En approchant de la mer, on assiste à un nouveau changement ; la terre s'efface pour laisser le voyageur tout entier au prodigieux spectacle qui s'offre à ses regards, sans fin, sans limites, avec ses rochers, ses précipices, ses écueils, ses plages de sables jaunes et sa grande plaine verte, mouvante, immense, tantôt calme et unie, mourant sur la grève avec un bruit sourd et monotone, tantôt bouleversée, hérissée, furieuse, et faisant retentir le fracas de ses colères et de ses longues vagues écumantes qui bondissent jusqu'au sommet des plus hautes falaises.

Ces falaises atteignent souvent des proportions gigantesques ; le granit qui les forme, rongé et noirci par l'action de l'air et des vents humides, leur donne un aspect sombre et triste, qui rend encore plus brillantes les gracieuses plages dont elles sont entremêlées. Le promontoire de Lavarde, le hâvre de Rothéneuf et bien d'autres points peuvent déjà satisfaire la curiosité du touriste et la passion du botaniste ; mais le cap Fréhel offre un de ces spectacles grandioses qui frappent l'imagination et s'y gravent. Qu'on se figure une pointe d'un myriamètre de longueur sur 5 kilom. de large à la base, et qui s'avance au milieu des flots, nue, déserte, sans habitations comme sans arbres. Le vent de la mer condamne à ramper la végétation et la transforme en gazons que l'on coupe pour le chauffage ; à l'extrémité du cap s'élève un phare d'un grand et bel effet. Au-delà le sol finit brusquement par des falaises d'une hauteur prodigieuse ; l'œil se trouble à contempler cette cascade de rochers ; la mer semble tournoyer à cette profondeur, et le bruit des vagues n'arrive plus à l'oreille que comme un murmure confus. D'immenses blocs détachés de la côte par des secousses anciennes se dressent à une petite distance et servent de retraite à tout un peuple d'oiseaux de mer dont les traces blanchissent leurs flancs. L'un de ces rochers est surtout remarquable ; c'est une pyramide de grès, rongé par l'air marin, calciné par le soleil ; rien n'est imposant comme ce géant immobile qui défie les pas les plus hardis et les plus sûrs, dont la base est toujours battue par une vague blanche d'écume et qui vient porter sa tête jusqu'aux pieds du spectateur émerveillé qui le contemple du rivage ; c'est peut-être cette mer et cette nature sauvage qui a inspiré un écrivain ou plutôt un poète : Maurice de Guérin a dû sentir vivement la grandeur des spectacles offerts par la mer. Voici un passage qu'il est difficile de ne pas citer :

« Le coucher du soleil est ravissant ; les nuages qui l'ont escorté vers » l'Occident s'ouvrent à l'horizon comme un groupe de courtisans qui » voient venir le Roi, et puis se referment sur son passage. Le soleil » couché, quelques-uns de ces nuages s'en reviennent et remontent » dans le ciel emportant les plus belles couleurs ; les plus lourds restent » là aux portes du palais, comme une compagnie de gardes aux cuiras-» ses dorées.

» Hier, c'était une immense bataille dans les plaines humides : on eût » dit, à voir bondir les vagues, ces innombrables cavaleries de Tartares » qui galoppent sans cesse dans les plaines de l'Asie. L'entrée de la baie » est comme défendue par une chaîne d'îlots de granit. Il fallait voir les » lames courir à l'assaut et se lancer follement contre ces masses avec » des clameurs effroyables ; il fallait les voir prendre leur course et » faire effort à qui franchirait le mieux la tête noire des écueils ; les plus » hardies et les plus lestes sautaient de l'autre côté en poussant un grand » cri ; les autres, plus lourdes ou plus maladroites se brisaient contre

» le roc en jetant des écumes d'une blancheur éblouissante, et se reti-
» raient avec un grondement sourd et profond, comme des dogues repous-
» sés par le bâton du voyageur. »

Voilà bien la baie de Saint-Malo prise d'assaut par les vagues du cap
Fréhel.

Je ne dirai qu'un mot des forêts; elles sont rarement riches en bonnes
plantes; le terrain granitique et l'humidité du sol leur donnent une uni-
formité désespérante pour le botaniste; je ne connais qu'une exception,
c'est le bois ou forêt de Coëtquen, à deux lieues de Dinan, sur la route
de Combourg. Les meilleures espèces du département s'y trouvent réu-
nies, et des plantes aussi étrangères au granit que l'*Epipactis palustris*
et le *Neottia nidus-avis*, y croissent à côté l'une de l'autre. Par une
coïncidence singulière, ce bois si intéressant pour le naturaliste, l'est
tout autant pour le touriste. Il prend son nom du vieux château de
Coëtquen, aujourd'hui ruiné, mais dont les restes mutilés méritent une
visite; de l'autre côté du bois s'élève le château de la Chesnaye, non moins
curieux par les souvenirs qui s'y rattachent; c'est là qu'a vécu un remarquable écrivain dont le nom a rempli l'Europe, F. de La Mennais.

Je crois avoir donné une idée générale du pays que j'ai parcouru. La
Bretagne est une des provinces de France qui gagneraient le plus à être
connues; et je conçois l'amour exclusif que ses enfants lui portent; elle
a une qualité rare et digne d'être appréciée, c'est l'originalité. Elle
déploie ses côtes tailladées et ses sites admirables à 15 ou 20 heures de
Paris. Mais l'on préfère de coûteux voyages, la Suisse, par exemple,
avec l'avidité de ses guides et l'hospitalité calculée des aubergistes. Je
sais bien qu'il y a là le grandiose de plus, et que les chemins de fer vont
civiliser la Bretagne; moi, qui l'ai connue vierge encore, j'en garderai
un bon souvenir, et me plairai toujours à me rappeler nos excursions
parmi ses rochers sauvages et ses vallées pittoresques.

DISTRIBUTION DES VÉGÉTAUX.

Il est facile d'établir quelques grandes divisions dans la Flore; elles
suivront la nature du sol, car il y a pour ainsi dire plusieurs Flores
juxta-posées, et qui le plus souvent ne se mêlent point.

D'abord la Flore des terrains modernes et de l'étage tertiaire : c'est
celle du littoral et de quelques petits bassins intérieurs très-circonscrits.
Puis celle des terrains anciens ou de cristallisation.

Je ne ferai que fort peu de subdivisions : je renvoie à l'Introduction de la Flore de l'Ouest, où il y a d'excellentes listes que l'on peut consulter, et qui grossiraient inutilement ce travail.

La première de ces Flores est la plus intéressante, à cause du peu d'étendue des terrains qui lui appartiennent ; encore ces terrains sont-ils quelquefois envahis par des couches de sables venus des roches primitives ; et il faut poser comme règle générale, du moins en Bretagne, qu'il n'y a que les couches supérieures d'un sol à influer directement sur la végétation. J'ajouterai, en second lieu, que toute couche de terre produite par des débris accumulés d'anciens végétaux, forme des terrains neutres, pour ainsi dire : ils contiennent des plantes de tous les autres terrains, et sont les seuls à nourrir des plantes appartenant exclusivement au calcaire. Ceci posé, je divise la Flore des terrains modernes en trois florules :

1° Celle des sables maritimes ;

2° Celles des vases et des terres salées ;

3° Celles des terrains tourbeux et calcaires.

Parlons d'abord du calcaire de Saint-Juvat : c'est un dépôt de molasse coquillière ; cependant, tout ce bassin ne possède guère que deux ou trois plantes particulières, et une douzaine d'autres qui lui sont communes avec les sables maritimes. Cette pauvreté vient de l'épaisse couche de terres sablonneuses qui recouvrent le terrain solide sous-jacent, et ne participent pas aux qualités de ce sous-sol. Ce sont les endroits où l'on a exploité le *sablon* qui sont seuls bons à visiter. On a créé là de véritables localités *calcaires* ; et il se pourrait bien faire que les plantes qui y croissent aujourd'hui fussent étrangères au pays, malgré leur abondance présente. Ainsi l'*Orchis hircina* L. ne vient qu'au fond des anciennes carrières ; le *Lathyrus silvestris* dans un petit bois qui a aussi été planté sur un terrain bouleversé, et où le calcaire est presque à nu. On peut conclure de cette remarque que d'autres plantes apparaîtront à Saint-Juvat qui n'y sont pas encore, et que cette localité possédera un jour bien des richesses botaniques étrangères à la contrée.

La Florule des sables maritimes et des vases salées est peut-être la plus variée, certainement la plus curieuse : c'est que le terrain est tout particulier ; aux qualités de tous les autres, il en joint qui lui sont propres : les principes calcaires et salins fournis par la mer et les coquilles, se mélangent et se confondent avec les débris des roches qui composent la côte. C'est là qu'on trouve des espèces nouvelles, non-seulement pour le département ou pour la France, mais des espèces non encore décrites. Consultez les Flores locales qui ont paru depuis vingt ans, et voyez combien d'espèces étrangères ou nouvelles ont été décrites ; presque toutes ont été trouvées sur la zone maritime ; les noms sont faciles à citer : *Statice occidentalis* Lloyd., *Sagina maritima* Don., *Sag. ambigua* Lloyd, *Geranium modestum* Jord., *Arenaria Lloydii* Jord., *Erodium Lebelii* Jord., *Chara alopecuroides* Delile, etc. La côte du Sud est encore plus favorisée, et il y a certes à y chercher et à découvrir encore pour quiconque en aura la patience et le loisir. Les plantes de la zone maritime se reconnaissent en général à leur structure ; leurs tiges et leurs feuilles sont charnues et imitent celle des plantes qui portent le nom vugaire de plantes grasses. Du reste, bien des plantes étrangères aux terres salées subissent aussi, quand elles sont exposées à l'air marin ou à des vents constants, une transformation qui épaissit leurs tissus.

Rien n'est curieux comme une de ces plaines qu'ont produites les vases marines émergeant peu à peu, et que les grandes eaux seules peuvent couvrir. Celles de la Ville-ès-Nonais offrent, au mois de juillet ou d'août, un ravissant spectacle : c'est une masse énorme de vases qui atteignent 15 ou 20 pieds d'épaisseur. Elle est sillonnée et coupée dans une foule de directions par des ruisseaux ou des crevasses, creusés par les eaux à la retraite des marées. Entre ces ruisseaux, le sol est plat et recouvert d'une puissante végétation, entièrement maritime. Ce sont des prairies de *Statice ;* les pieds sont tellement serrés, que leurs fleurs forment, vues de loin, de larges plaques rouges ou bleues, selon l'espèce. Les *Salicornia* abondent partout ; d'espaces en espaces apparaît le *Spartina stricta*. Il y a un fait curieux dans la vie de cette graminée, condamnée, du moins ici, à être souvent couverte par les eaux. Les dernières fleurs du double épi sont stériles, et les autres fleurissent et fructifient à l'intérieur des gaînes ; la plante semble avoir la propriété, pourquoi ne pas dire l'instinct, de préserver ses graines d'une trop grande humidité, et d'assurer sa reproduction. A La Richardais, où la plante n'est pas toujours submergée, beaucoup d'épis sont fertiles jusqu'au bout, et j'en ai de Bayonne qui sont tout semblables. Ce n'est donc pas une sorte de loi qui sacrifie les premières fleurs pour conserver les dernières, comme nous le voyons dans le *Leersia orizoides*. Le phénomène que présente cette autre plante ayant été fort savamment exposé dans la Flore Parisienne, 2e édition, je supprime mes observations devenues inutiles. Je rappellerai seulement que toutes les fleurs qui sortent des gaînes dans le *Leersia* sont non-seulement stériles, mais incomplètes. On peut ajouter que cette observation a été faite depuis bien longtemps, et seulement retrouvée de nos jours, car on lit dans Schrader, *Flor. Germ.*, t. I, pag. 177 : « *Inclusam paniculæ partem flosculos perfectos, exsertam plerumque imperfectos et steriles proferre, e propria autopsiâ confirmare possum,* » et c'est en parlant d'une observation de Schreber.

Pour revenir à la Flore maritime, on peut dire que l'action de l'air marin sur les plantes se réduit à une exagération des caractères spécifiques aux dépends de la taille et des proportions. Tout ce qui est velu ou pubescent devient laineux ou cotonneux; les tissus et leurs cellules se dilatent, s'épaississent, la feuille devient charnue. Chez les graminées, la couleur verte devient glauque ou violâtre; comme je l'ai déjà dit, le grand air a les mêmes effets; bien des formes des rochers du Menez rappellent celles des falaises.

La Florule des sables maritimes ou plages que n'atteint pas l'action des eaux, est remarquable par le nombre de plantes spéciales qu'elle renferme : plusieurs lui sont communes avec les régions calcaires du centre de la France; je fais toujours suivre leurs noms dans le catalogue de ces mots : *sables maritimes* ou *région maritime.*

Je n'ai qu'un mot à dire sur les tourbières et leurs plantes; nous n'avons qu'un seul dépôt de tourbe considérable, celui de Châteauneuf.

Cette belle localité, que j'ai explorée un peu tard et pas assez souvent, contient une douzaine d'espèces presque étrangères au nord de la Bretagne; il en reste encore à découvrir, car je n'y suis jamais allé au mois de mai. Comme elle s'étend jusqu'à Dol, que je ne connais pas, je ne saurais trop recommander aux botanistes futurs de la visiter pas à pas en toute saison.

La seconde Flore est celle des terrains de cristallisation; elle est aussi intéressante pour l'étranger que celle du littoral, car elle ne manque pas de belles et rares espèces; mais c'est celle des neuf-dixièmes du sol breton; on n'y peut faire d'autres divisions que celles que comporte toute Flore, et je renverrai encore ici à la Flore de l'Ouest.

J'avais essayé, par de nombreuses notes, d'expliquer les causes de la dispersion des espèces et de leur localisation singulière; mais elles sont encore trop incomplètes pour que je puisse en tirer de bonnes conclusions. Je me bornerai à résumer seulement quelques observations que l'on peut facilement vérifier. Certaines espèces de plantes ne se trouvent dans le granit que sur des terrains modifiés à leur superficie par les débris d'une puissante végétation de *Sphagnum* et d'autres mousses. Quand il y a quelque source ferrugineuse, ce qui est fréquent, les dépôts peuvent déjà produire quelques espèces des tourbières anciennes, ou des terres de bruyère, comme *Carex ampullacea*, *Peucedanum parisiense*, *Selinum carvifolia*. C'est le fond des vallées qui est toujours, en Bretagne, le plus digne d'attention ; la raison en est, je crois, que le granit ou les schistes n'y sont point purs, mais tout-à-fait mélangés ensemble et joints à de la terre végétale. Les vallées les plus riches sont celles où les côteaux ne sont pas d'une même nature, mais bouleverés par les diverses convulsions qui ont travaillé la presqu'île. Les grés, les roches syénitiques, si peu répandues, ne présentent rien de particulier, car la *Gentiana amarella* et l'*Euphrasia gracilis* du cap Fréhel ne sont pas des plantes propres au grès. Je n'ai trouvé les *Erodium botrys*, *Romulea Columnæ*, *Hypericum linearifolium*, *Corydalis claviculata* L., et quelques autres, que sur les côteaux entièrement granitiques ou entièrement schisteux.

Le climat des Côtes-du-Nord est, en moyenne, très-doux ; les hivers y sont habituellement beaucoup moins rudes que ceux des parties du centre de la France situées à deux degrés plus au midi. L'arbousier, le laurier, le figuier, les magnolias, même le camélia viennent très-bien, surtout sur le littoral, et ne sont que très-rarement gênés par la gelée. Cette douceur de température dans l'hiver est compensée par l'humidité du printemps et d'une partie de l'été. Des pluies continues sont fréquentes, et désolent le botaniste qui pourrait, dans sa rancune, appliquer au climat ce qu'un astronome anglais disait de celui de Liverpool : « Il y pleut un peu plus que tous les jours. » Beaucoup de végétaux du Midi ont été importés et prospèrent, surtout ceux qui s'accommodent d'un air humide ; mais la vigne ne mûrit pas son fruit, quoiqu'il y ait çà et là de belles treilles et qui donnent d'excellents raisins. On voit cependant qu'au XIII° siècle les bords de la Rance, et notamment la commune de Taden, contenaient de grands vignobles : le vin devait être aussi mauvais qu'il l'est aujourd'hui sur la côte du Sud, et c'est peut-être la raison qui a fait disparaître la vigne des côteaux. Il est possible aussi que la cause la plus directe de cette disparition soit l'introduction des pommiers, qui furent importés de la Biscaye vers l'an 1300. Leur fruit sert à faire du cidre, qui est la boisson la plus répandue. J'ai noté avec soin toutes les plantes naturalisées ou cultivées de manière à mériter l'attention ; j'en ai formé une liste séparée que je donne ici.

Plantes naturalisées par la culture et ne se propageant pas spontanément.

1. RANUNCULACEÆ.

Ranunculus acris L. Jardins, etc.

Helleborus niger. L. Jardins, etc.

Delph. Ajacis L. Jardins, rues des villages, champs de blés à Saint-Briac.

— *orientale* G. Décombres et champs à Saint-Malo.

2. MAGNOLIACEÆ.

Quatre ou cinq espèces prospèrent dans les parcs et jardins. Le *Magnolia grandiflora* prend de belles proportions au bord de la mer.

Liriodendron tulipifera L. Parcs, fleurit et fructifie.

3. PAPAVERACEÆ.

Papaver hortense Huds. Jardins, décombres, etc.

4. CRUCIFERÆ.

Brassica oleracea L. Avec toutes ses races; cultivé et naturalisé dans les champs.

Brassica campestris L. Fréq. cultivé.

Raphanus sativus L. Jardins potagers.

Hesperis matronalis L. Ornement; fréq. échappé des jardins.

Matthiola incana.
— *annua.* } Jardins et vieux murs.

Malcolmia maritima et *M. littorea.* Souvent cultivées; l'une est assez commune, par années, sur les murs à Dinan.

Lepidium sativum L. Peu cultivé, et naturalisé cependant partout.

5. RESEDACEÆ.

Reseda odorata L. Je l'ai trouvé une fois à Saint-Lunaire, couvrant tout un champ de luzerne.

6. CARYOPHYLLEÆ.

Dianthus barbatus. Jardins.

— *plumarius.* Jardins.

Silene armeria. Haies des jardins.

Lychnis viscaria. Échappé des jardins.

L. coronaria. Décombres et champs, autour des habitations.

7. MALVACEÆ.

Althœa rosea L. Cultivé partout, et de là dans les sables de la contrée maritime.

Hibiscus syriacus L. Haies des champs à Rotheneuf.

8. Hypericineæ.

Hypericum calycinum L. Naturalisé au Chêne-Vert, où il couvre les rochers, etc.
Je ne crois pas que cette plante se reproduise de graines, mais biende rejet.
H. Hircinum L. Quelques haies à Dinan.

9. Acerineæ.

Acer pseudo-platanus L. Planté sur les routes et dans les parcs.
— *platanoïdes* L. Un peu moins répandu.

10. Hippocostaneæ

Æsculus hippocastanum L. Très-fréquent.
Ce bel arbre se reproduit spontanément et doit prendre place dans les
Flores.

11. Ampelideæ.

Vitis vinifera Lin. Jardins , serrès.

12. Balsamineæ.

Impatiens balsamina L.
Tropæolum majus. L.
Ces deux plantes se trouvent souvent dans les champs, où leurs graines
ont été portées avec les fumiers; elles ne reparaissent pas la deuxième
année. .

13. Rutaceæ.

Ruta graveolens L. Vieilles murailles; elle est à Saint-Juvat et à l'abbaye de
Lehon.

14. Celastrineæ.

Staphylea pinnata. Parcs, etc.
Ailanthus glandulosa Desf.
Ptelea trifoliata L.

15. Leguminosæ et Papilionaceæ.

Cytisus sessilifolius L.
— *capitatus* Jacq. } Parcs et jardins.
— *Laburnum* L.
Trifolium pratense L. Ce trèfle a été distingué du trèfle sauvage; il est un
peu plus robuste et se reconnaît même quand il s'échappe des cultures.
Trifolium incarnatum L. Généralement cultivé, et naturalisé sur les côteaux
maritimes.
Trigonella fœnum-græcum L. Jardins.
Galega officinalis L. Sort quelquefois des cultures.
On trouve dans toutes les plantations :
Robinia pseudo-acacia L.

R. viscosa L.
R. hispida L.
R. umbraculifera } Ces deux arbres viennent mieux sur le littoral.
Colutea arborescens L.
Coronilla Emerus L.
Hedysarum onobrychis L. Saint-Briac.
Ervum lens. Rarement cultivé.
Phaseolus vulgaris L. et toutes ses nombreuses variétés.
Cercis siliquastrum L.

16. ROSACEÆ.

Amygdalus persica L.
    —   *lævis* L.
L'amandier n'est pas cultivé.
Prunus armeniaca L.
    —   *padus* L.
    —   *lauro-cerasus* L. C.
Beaucoup de cerisiers, dont le plus répandu est un grand et bel arbre, dont
le fruit ressemble à celui du *C. avium* L., mais il est deux fois aussi gros;
on l'appelle *badille*, et l'arbre *badillier*.
Beaucoup de spirées, dont les principales sont :
Sp. aruncus L.
— *hypericifolia* L.
— *salicifolia* L.
Aucune ne sort des jardins. — De nombreux fraisiers. — La plupart des
rosiers des jardins. — Je n'en ai jamais rencontré hors des cultures. On
cultive pour l'odeur de ses fleurs et de ses feuilles un *Rosa* importé d'Angleterre, qui est simple et de la section du *R. rubiginosa*; plusieurs
Cratægus, entre autres le *C. pyracantha* L., dont on voit un gros buisson
sur les côteaux de la Rance, à l'endroit dit *muraille de l'œuvre*; une multitude de poiriers et de pommiers, dont les graines forment un nombre
infini de sujets sauvages où il est impossible de se reconnaître avec le
peu de formes décrites jusqu'à présent. Je signale en passant une de ces
formes entre les rochers qui dominent Lehon, sur la rive droite; une
autre qui est assez commune à la forêt d'Yvignac; une troisième, enfin,
qu'on trouve souvent dans les haies et dont le fruit très-petit est rouge
ou jaune : les deux premières sont des *pyrus*, la troisième un *malus*.
Sorbus aucuparia L.
— *hybrida* L. } Cultivés.

17. PHILADELPHEÆ.

Philadelphus coronarius L. Se voit quelquefois dans les haies des jardins.

18. Cucurbitaceæ.

Cucurbita maxima L.
Les autres espèces ne sont cultivées que dans les potagers et ne se répandent jamais au dehors.

19. Grossularieæ.

Ribes nigrum L. Jardins, etc.
Beaucoup de *Ribes* étrangers plantés dans les parcs; entre autres le *Rib. alpinus* L.

20. Saxifrageæ.

Plusieurs *Saxifrages* sont employés à orner les rocailles, et on les retrouve quelquefois sur les rochers, surtout sur le littoral : celle du Chêne-Vert est peut-être l'*Hypnoides* L.
Hydrangea hortensia DC.

21. Ombelliferæ

Buplevrum fruticosum L. Plante d'ornement. Il y en a eu longtemps une belle touffe près de Paramé, au pied d'un mur.
Levisticum officinale Koch.
Archangelica officinalis Hoff. Se ressème d'elle-même.
Myrrhis odorata Scop. Jardins.
Coriandrum sativum L. Moissons de la Courbure.

22. Caprifoliaceæ.

Viburnum opulus L.
    —   *tinus* L.
    —   *Lantana* L.
Lonicera caprifolium L.
    —   *tatarica* L. Ce dernier pousse dans les vieilles murailles et semble se naturaliser à Dinan, Lamballe.
Symphoricarpos racemosus Mich.

23. Dipsackæ.

Scabiosa atropurpurea L. Sort assez fréquemment des jardins.

24. Compositeæ. J.

Aster sinensis L.
    —   *novi-Belgii*. Sur les décombres sortis des jardins
    —   *rubricaulis*. Bords de la Rance, à Lehon, et plusieurs autres espèces.
Solidago canadensis L.
    —   *glabra* Desf., et sept ou huit autres espèces qui toutes finiront par se naturaliser aux bords des eaux où on les trouve déjà fréquemment.

Helianthus annuus L.
—   *tuberosus* L.
Dahlia variabilis Desf.
Chrysanthemum indicum L.
Artemisia abrotanum L.
—   *dracunculus* L.
Helichrysum orientale DC.
Gnophalium margaritaceum L.
Cineraria maritima DC.
Calendula officinalis L.

Ces trois dernières plantes se rencontrent assez souvent sur les décombres et sur les vieux murs; elles se reproduisent d'elles-mêmes et se répandent de plus en plus.

Cynara scolymus.
—   *cardunculus.* } Jardins et potagers.

Scorzonera hispanica; il existe sur deux ou trois vieilles murailles à Dinan.
Lactuca sativa L.

25. CAMPANULACEÆ.

Quelques belles espèces sont cultivées dans les jardins. La *C. glomerata* L. du centre de la France ne se rencontre jamais à l'état sauvage.

26. OLEACEÆ.

Fraxinus ornus L. Parcs, etc.
Syringa vulgaris S.
—   *persica* L. Planté dans les jardins et quelquefois en haies; dans les champs, surtout le premier.

27. JASMINEÆ.

Plusieurs espèces : la plus répandue est le *J. officinale;* on le rencontre abandonné à lui-même dans la région maritime.

28. BORRAGINEÆ.

Omphalodes verna Mœnch. Jardins.

29. CONVOLVULACEÆ.

Convolvulus purpureus L. Jardins.

30. SOLANEÆ.

Solanum tuberosum L. Généralement cultivé; variétés nombreuses, dont quelques-unes sont détestables.
Nicotiana tabacum L. Cultivé en grand dans la région maritime; il s'échappe parfois et persiste.

31. LABIATÆ.

Lavandula vera DC. Jardins, etc.
Salvia officinalis L. Vieux murs.
Satureia montana L.
Rosmarinus officinalis L.

32. PRIMULACEÆ.

Primula auricula L.

33. CHENOPODEÆ.

Atriplex hortensis L.
Spinacia inermis. M.
— *spinosa* M.
Beta vulgaris L. Jardins et potagers.

34. POLYGONEÆ.

Rumex patientia L. Abords des fermes.
Polygonum fagopyrum L. Cultivé partout; alimentaire.
— *tataricum* L. N'est pas cultivé et se rencontre assez souvent sur les décombres.
— *orientale* L. Jardins, etc.

35. LAURINEÆ.

Laurus nobilis L.

36. URTICEÆ.

Cannabis sativa L. Champs; assez rarement cultivé.
Plusieurs *Ulmus*, entre autres l'*Ulmus effusa* DC.

37. ASPARAGINEÆ.

Asparagus officinalis L. Cultivé.

38. LILIACEÆ.

Tulipa Gesneriana L.
Lilium martagon L.
— *candidum* L.
— *croceum* Chx.
Hyacinthus orientalis L.
Allium porrum L.
— *cœpa* L.
— *scorodoprasum* L.
— *fistulosum* L.
— *ascalonicum* L.
— *schœnoprasum* L.
On rencontre çà et là ces plantes sorties des jardins avec les fumiers.

39. AMARYLLIDEÆ.

Narcissus major Curt.
— *incomparabilis* M.
— *tazetta* L.
— *Jonquilla* L.
Amaryllis lutea L.

Le *N. pœticus* se rencontre dans quelques prés où il a été introduit; pour le *N. biflorus* Curt., il est tellement répandu à Lavarde, que je l'ai mis au catalogue; il se propage et remplit toutes les haies sur un espace qui a plus de 500 mètres en longueur.

40. IRIDEÆ.

Gladiolus communis L.
Crocus sativus L.

41. AROIDEÆ.

Arum dracunuclus L.

Il y en a une belle touffe près du Guildo.

42. GRAMINEÆ.

Zea Mays. Cultivé assez rarement sur le littoral et seulement comme fourrage,
Panicum miliaceum L. Champs; très-souvent échappé.
— *italicum* L. Se trouve assez fréquemment sur les décombres, au pied des murs, etc.
Phalaris arundinacea L., var. *picta.* Échappé des jardins et persistant dans certaines haies fraîches,
Arundo donax L. Planté dans quelques vieux jardins des bords de la mer; il ne fleurit pas.
Triticum vulgare Vil. Généralement cultivé avec ses variétés ou formes :
T. hybernum L. et *T. œstivum* L.
Triticum turgidum L. Plus rarement cultivé.
Secale cereale L. Cultivé surtout au bord de la mer.
Hordeum vulgare L. Cultivé en appprochant de Saint-Brieuc. Assez rarement du reste.
— *distichum* (paumelle). Généralement cultivé.

Les espèces du genre *Avena* sont inscrites au catalogue à cause qu'elles se rencontrent très-fréquemment et se reproduisent souvent d'elles-mêmes.

Je termine ce chapitre par l'indication des lieux que je n'ai qu'imparfaitement visités, et des herborisations les plus utiles à faire encore pour compléter l'exploration du pays. Il va presque sans dire que ces localités sont assez éloignées de Dinan ; commençons par la région maritime :

La côte qui, en remontant vers le N.-E., s'étend de Saint-Coulomb à Cancale, mérite d'actives recherches ; les sites changent un peu d'aspect et de nature ; en outre, on approche de la Normandie. Je n'ai pu retrouver à Cancale le *Polypogon maritimus* indiqué par la Flore de l'Ouest. Il y a en juin une excellente herborisation à faire. Voici quel serait mon itinéraire : se rendre à Saint-Coulomb, le soir, pour en partir avec le jour ; battre pas à pas les dunes et les falaises jusqu'à Cancale, puis se diriger sur Dol à travers les plaines basses qu'on appelle le marais. Cette course, répétée deux ou trois fois, en mai, en juin et en juillet, ferait bien connaître cette extrémité du département d'Ile-et-Vilaine ; si l'on a deux jours, on peut couper la course en deux : voir le littoral le premier, et le marais le lendemain.

De l'autre côté de Saint-Malo s'étend aussi une partie très-intéressante de la côte ; celle que j'ai peu visitée est comprise entre le Port-à-la-Duc et le bourg de Morieux ; l'espace est trop considérable pour être vu en en seul jour, et il faut choisir le point que l'on désire pour chaque fois. Je recommande toute la côte maritime, surtout les environs d'Erquy et de Dahouet, les bois et les ruisseaux autour de Saint-Alban, et enfin le cap Fréhel. Deux courses du 1er au 25 mai, et une du 20 août au 10 septembre, où l'on se convaincra de l'autonomie de l'*Artemisia gallica*.

Dans l'intérieur, je vois bien des points à indiquer ; je me bornerai à signaler particulièrement les limites méridionales du calcaire de Saint-Juvat, les bords de la Rance et la vallée qui va jusqu'à Caulnes. Le chemin de fer rendra ces courses faciles désormais. Sur la lisière des deux départements, il y a encore les marais de Tréverien ; c'est une vaste plaine inondée qu'il faudrait voir à plusieurs époques ; explorer minutieusement l'étang ou marais de Villerie.

Reste la chaîne du Menez. Je conseillerai d'y consacrer une herborisation par mois ; la forêt de Boquien, celle de Loudéac, les environs de Montcontour, de Collinée, les sources de la Rance, contiennent encore des nouveautés et paieront largement le botaniste courageux de ses peines.

QUELQUES RÉFLEXIONS SUR LA NOMENCLATURE BOTANIQUE.

On sait qu'aujourd'hui les espèces linnéennes et celles des anciens auteurs subissent une période *analytique*, si je puis ainsi dire ; on les a étudiées, on les a séparées, divisées et surtout dénommées. Les *Rosa*, les *Rubus* offrent des multitudes de formes qu'on érige en espèces ; il pleut des espèces nouvelles ; le botaniste épouvanté compte avec stupeur les 149 *Hieracium* de la Flore du Centre ; ses *Rubus* dont l'inextricable confusion le désespère ; enfin, pour compléter son étonnement, il lit qu'on vient de morceler l'*Hieracium pilosella* en 42 espèces de l'autre côté du Rhin. Je ne m'insurge point pour ma petite part contre cette invasion d'êtres nouveaux. Si la nature a fait des millions d'espèces dans les *Hieracium*, il faut les étudier ; nous ne pouvons changer la face des choses, et sauter à pieds joints par-dessus une difficulté : ce n'est pas l'expliquer. J'ai en conséquence ramassé toutes les formes qui me sont tombées sous la main, et j'ai essayé de les rapporter aux nombreuses formes décrites par MM. Jordan, Boreau, etc. Je n'ai point réussi pour les *Hieracium*, et fort peu pour les *Rubus*. L'étude de ces genres est loin d'être complète, et les formes qu'on trouve ne ressemblent que très-imparfaitement à celles qui ont été étudiées et publiées. J'ai ordinairement joint une note descriptive au nom de ces plantes nouvelles pour faire bien juger de la forme que j'avais entre les mains, et aussi pour que l'on puisse s'apercevoir de mon erreur, si j'ai mal appliqué les descriptions ou si j'ai eu sous les yeux une plante différente.

Il y a maintenant une question importante qu'on me permettra de soulever ici ; je veux parler de la classification et des changements qu'on y opère sans cesse. La classification n'est pas la science ; elle n'existe pas dans la nature qui ne fait pas de catalogues : c'est un moyen de se reconnaître au milieu du nombre immense des végétaux ; une création de l'homme. Nul ne saurait contester son utilité ; je la regarde comme la langue botanique, et j'applaudis aux perfectionnements qu'elle peut recevoir ; mais de simples changements sont-ils des réformes utiles ? C'est là un grand point qui devrait toucher davantage les botanistes, trop dociles à *jurare in verba magistri*, dont ils ont le livre entre les mains ; car, de même que le néologisme inconsidéré, finit par transformer et perdre les langues parlées, les nouveautés qui se produisent de nos jours finiront par changer une fois par siècle la nomenclature, c'est-à-dire par y jeter la plus funeste confusion.

Les changements dont je veux parler ont été faits surtout dans le mode adopté depuis Linné pour désigner une plante : j'entends les noms de genre et d'espèce et la manière de les écrire. Le genre est une chose arbitraire, une chose de convention, destinée uniquement à faire plus facilement saisir un ensemble de caractères communs à toute une série d'espèces ; il s'ensuit que jamais le nom de genre ne peut influer sur celui de l'espèce, hors l'accord grammatical. Il n'y a d'autre mérite à changer une plante de genre que d'avoir un peu mieux vu ou trop souvent d'avoir vu autrement. On était convenu dès le principe d'accepter les premiers noms donnés et d'ajouter après eux, en les écrivant, le nom de leur créateur ou les initiales de ce nom; convention excellente, destinée à éviter des confusions, des recherches, à épargner le temps : c'est la loi de priorité. Linné l'a violée le premier, dira-t-on; outre que ce reproche n'est pas juste, puisque cette loi ou convention n'existait pas de son temps, Linné n'a changé que très-peu de noms, et ces changements d'ailleurs ne faisaient point naître d'embarras ni de confusion, puisqu'il n'y avait rien d'universellement adopté. Pourquoi, aujourd'hui qu'il en est bien autrement, voit-on s'établir la déplorable coutume d'inscrire après le double nom d'une plante le nom de l'auteur qui a créé le genre le plus récent? Est-ce que *Cistus guttatus* Linn. n'est pas la même chose que *Helianthemum guttatum* Mill. ? Eh! qui le dirait en le voyant ainsi écrit? Si ces initiales servent à quelque chose, c'est à différencier deux noms semblables ou analogues employés par plusieurs auteurs à la fois. Sinon, elles sont inutiles, et il faut les supprimer tout-à-fait. Si on l'osait faire et que l'ouvrage eût quelque mérite, que de réclamations, que de critiques ! Changez le nom de deux genres sur trois; créez-en de nouveaux, et affublez toutes les espèces de vos initiales ; on se plaindra peut-être, mais l'on comptera avec vous.

Je n'exagère rien; on a changé les noms de genre et d'espèce sous les plus futiles prétextes, et cela tout récemment. Qu'est-ce que *Nasturtium rusticanum* Sp. et *Roripa rusticana* Gren. Godr.? Ne cherchez pas; c'est *Cochlearia armoracia* Lin. La science a-t-elle gagné à ces changements? L'espèce en est-elle mieux connue? Non; la synonymie seule y a gagné, qui enveloppe comme une ennuyeuse toile d'araignée l'existence d'une plante et en fait un problème pour le botaniste.

On a coupé les genres de Linné, qui étaient de vraies familles; on a bien fait. On a retranché les noms d'anciens auteurs devant les noms spécifiques; c'est une injustice. On doit remonter à Tournefort, aux Bauhin même si l'on est forcé d'abandonner le nom Linnéen. Qu'avons-nous besoin de *Roripa rusticana* pour *Cochlearia armoracia*, de *Roripa nasturtioides* pour *Nasturtium palustre*, de *Herminium clandestinum* pour *Herminium monorchis*, et de cent autres changements aussi utiles?

Mais on a été plus loin encore; on ne s'est pas contenté de créer un nouveau genre, ce qui peut être utile, ou de supprimer le nom de l'ancien auteur devant le nom spécifique, ce qui est puéril, on a proposé sérieusement en Allemagne de ne jamais admettre d'autre nom d'auteur que le plus récent. Adoptons tous la méthode nouvelle, et continuons. Un siècle amènera quatre ou cinq noms nouveaux, et on recevra naturellement le plus récent pour paraître à la hauteur de la science. Dans les Flores de cette époque un livre complet consacrera vingt pages à la synonymie, et vingt lignes à la description d'une plante; mais l'état civil de l'espèce sera bien constaté, et c'est déjà ce que nous appelons de la science.

C'était pourtant une heureuse et féconde idée que de marquer les espèces au coin du créateur, pour ainsi dire : le nom seul qui les suivait commandait la confiance, excitait les recherches; mais il paraît que c'était là une routine. Les crucifères d'Europe contiennent déjà huit ou dix *alpina*, cinq ou six *saxatilis*, autant de *vulgaris* et d'*officinalis*; supposons toutes ces appellations suivies du même nom d'auteur, et le botaniste ne peut plus marcher sans un dictionnaire, qui se trouvera souvent insuffisant pour être trop vieux d'un an.

Créons des genres, décrivons des espèces nouvelles, rien de mieux; la science n'est qu'un ensemble de constatations. Qu'il y ait plusieurs centaines d'Hieracium et de Rubus, et que la culture ne contredise pas les livres, nous chercherons, et si nous n'arrivons pas, nous serons les seuls coupables; mais prenons une règle, et qui soit inviolable. La condition impitoyable de progrès pour les sciences naturelles c'est la simplicité. Point d'accessoires frivoles, point d'embarras. Guerre aux synonymes, quand ils sont reconnus tels ! Le maître a maudit tous ceux qui osent entraver la marche de la science : *In describendo nihil oratorio stylo magis abominabile!* Or, est-il plus dangereux, je le demande, d'embarrasser de fleurs de rhétorique la description d'une plante, que de multiplier les noms d'une espèce, de la masquer, d'en faire un protée insaisissable? C'est encore un procédé maladroit que d'ériger un nom spécifique en nom de genre; et cependant qui s'en est abstenu de notre temps? on dirait que les modernes veulent rendre inintelligibles les livres anciens. Ce n'est pas ainsi que Linné s'y est pris pour faire oublier ses devanciers. Je sais bien qu'il lui est arrivé de prendre des noms de genres pour en faire des noms d'espèces; mais qui peut songer à le blâmer quand on songe qu'il avait tout à créer pour former sa nomenclature, et que rien de ce qu'il a changé n'était universellement adopté? Je ne veux pas que l'on adore Linné et ses créations comme des fétiches;

j'en suis si loin que je suis toujours à demander pourquoi l'on ne consulte plus les anciens, comme Fuchs, comme les Bauhin, etc...; mais je pense que la conservation des noms d'*hypopitis*, de *clandestina*, de *phragmites* et bien d'autres, nous aurait évité une nuée d'*officinalis*, de *communis*, de *vulgaris*, mots ridicules par leur fréquent emploi et par leur application à des plantes qui n'ont souvent rien d'officinal ni de vulgaire.

Voyez maintenant l'avantage d'une méthode opposée à celle de nos jours. Le nom spécifique reste immuable et désigne toujours la même chose; il est toujours suivi du nom de son créateur, quel que soit le genre où la plante est rangée. Un siècle, deux, trois même, passent, et la classification, enrichie de toutes les découvertes qu'on a pu faire, est aussi claire qu'au début. Les botanistes de cette époque reculée comprennent de longues listes de plantes et chez les auteurs de dix contrées différentes. Si Linné revenait au monde à ce moment, il verrait sans peine et d'un coup-d'œil tous les progrès de la science; car un genre n'étant plus qu'une chose arbitraire, qu'une division commode pour les yeux et la mémoire, il n'hésiterait nullement à reconnaître une espèce quoique précédée d'un barbarisme allemand, français ou anglais.

Je me résume : la science, en multipliant les termes de son langage, retourne au chaos d'où l'a tirée le législateur suédois. Le mal est déjà considérable, et le remède est facile; il consiste dans l'observation de quelques règles dictées par le bon sens :

Que tout nom spécifique, par exemple, ne puisse jamais servir à désigner un genre; que ce soit une chose sacrée, inviolable; que tout nom spécifique, le plus ancien, soit adopté, et les autres impitoyablement rejetés. S'il arrive que ce nom cache plusieurs espèces, que l'ancien nom soit conservé à l'une d'elles et surtout à celle qui est la plus répandue, ou du moins qui est commune dans la contrée où vivait l'auteur du premier nom; que le *Filago germanica*, par exemple, ne s'appelle pas *canescens;* que le *Kœleria cristata* ne devienne pas une plante introuvable, etc.; que le nom de l'auteur qui, le premier, a nommé une plante, suive toujours sa dénomination, quand bien même l'espèce changerait vingt fois de genre. Le nom de genre prendra après lui seulement les initiales de son créateur; c'est le seul moyen de débarrasser la nomenclature de ce fatras aussi insipide qu'inutile qui grossit les volumes, charge la mémoire et dévore un temps qu'on peut mieux employer.

Voilà la réclamation que j'ose faire malgré mon obscurité, et sans avoir d'autre droit ou mission pour cela, que mon amour sincère pour une science que je vois défigurer par des minuties et des puérilités. Je n'ai attaqué personne, et si j'ai cité quelques exemples qui signaleront facilement certains de nos maîtres, je l'ai fait sans esprit hostile et en me tenant toujours dans la généralité.

CULTURE DES ESPÈCES CRITIQUES.

J'ai parlé de la culture des plantes critiques; je crois que toute forme, avant d'être inscrite comme espèce, doit être cultivée; car il est raisonnable, je pense, de regarder comme espèce toutes les plantes qui se reproduisent invariablement de graines. Toute variété qui, semée, ne reproduira pas le *type spécifique* auquel on la rapporte, devra en être séparée. Mais une Flore locale, et surtout un catalogne, doit enregistrer toutes les formes qui peuvent se produire; c'est pour ainsi dire un *état des lieux* de la végétation dressé avec soin : une simple liste de noms n'a qu'un intérêt général de géographie botanique.

Je me suis donc imposé la loi de noter tout ce que j'ai pu remarquer de particulier sur chaque espèce. J'ai recherché et conservé des noms de variétés déjà publiés; essayant de ne pas tomber dans une faute commune à bien des livres qui donnent toujours des noms nouveaux aux variétés qu'ils mentionnent. Quand j'ai eu sous les yeux une forme non décrite, je l'ai fait connaître, et ne lui ai imposé un nom que lorsqu'elle m'a paru très-remarquable. En même temps, je me suis livré autant que je l'ai pu à des expériences de culture. Secondé en cela par M. H. de Ferron, j'ai pu assister au mode de végétation de beaucoup d'espèces obscures, et j'ai séparé celles qui m'ont paru constantes. Ces expériences ont roulé surtout sur les genres *Crepis*, *Aira*, *Artemisia*, *Plantago*, *Hieracium*, etc. Les *Bromus* m'ont fourni l'occasion d'une étude intéressante. J'ai cultivé pendant quatre ans toutes les formes du *B. mollis*, et j'ai acquis la conviction qu'il y a plusieurs espèces confondues sous ce nom. Je regarde comme bien séparés les *B. commutatus*, *mollis*, *hordeaceus*, et enfin le *B. Ferronii*, espèce nouvelle des sables maritimes qui n'a jamais varié dans nos cultures.

J'ai été moins heureux pour les *Rubus*. Deux formes que j'ai isolées et étudiées ne sont pas restées constantes, et sont devenues méconnaissables. J'ai semé tous les ans des graines d'*Euphrasia*; jamais elles n'ont levé : j'en ai conclu que ces plantes étaient parasites sur les racines des graminées, excepté l'*E. gracilis* du cap Fréhel qui vient dans des lieux nus où il ne pousse que des ajoncs.

Je reviens encore sur les variétés pour expliquer comment je les ai inscrites. On distingue ordinairement le type et les variétés ; cet usage n'a d'avantage que pour les amateurs qui varient la couleur de leurs étiquettes : il est fort peu scientifique. Pourquoi, en effet, une forme est-elle plutôt prise pour le type que telle ou telle autre ? La seule raison, je crois, c'est qu'elle a été décrite la première. C'est ainsi qu'il y a en France des plantes qui ne sont représentées que par leur variété : cette distinction est puérile. Il faut s'assurer d'abord si l'une produit l'autre, et dans ce cas citer les diverses formes de la plante comme cela a déjà été fait en Allemagne. On inscrira en premier lieu la forme la plus répandue et les autres après. On saura ainsi presque sans explication quelle forme domine dans une région, ou dans une sorte de terrain. Souvent les variétés ne sont que des aberrations, des déformations, et alors, en les énumérant, je les fais précéder des lettres *AB*, aberration. La forme *terrestris* de toutes les Renoncules aquatiques n'est qu'une déformation produite par la retraite des eaux. Au rebours, les feuilles indivises de la Sagittaire sont allongées par l'eau trop rapide et qui ne décroît pas.

Étudier chez les plantes la vie et le mode de végétation m'a toujours semblé la partie la plus intéressante de la botanique ; et les mœurs des végétaux mériteraient toujours un chapitre particulier dans les Flores. Je noterai donc en passant quelques remarques ou quelques expériences qui peuvent avoir leur utilité : la longévité des graines est un fait admis aujourd'hui ; mais la condition de cette longévité dépend du mode de conservation de ces graines ; gardées dans nos maisons, elles deviennent stériles après la deuxième ou la troisième année. Cependant, j'ai vu des semences de *Bromus*, recueillies en 1859, pousser très-bien en 1663 ; d'autres que j'avais mises dans un pot y restèrent une année sans lever, et quand la terre fut mise l'année suivante dans la plate-bande d'un jardin, elles germèrent toutes. Cette propriété des graines peut servir à expliquer ce que l'on voit dans les bois après les coupes. Le sol des taillis rendu au jour se couvre de véritables moissons de *Melampyrum*, d'*Euphrasia*, de *Vicia* ; j'ai vu à Goëtquen, après une coupe, apparaître une graminée que je n'y avais jamais trouvée, et que je n'ai rencontrée que là, le *Milium effusum* : puis chacune de ces plantes disparaît à mesure que la végétation des arbustes augmente. On ne rencontre plus que quelques pieds chétifs à moitié étouffés sous le couvert, et ordinairement stériles; puis au premier rayon de soleil la plante semble avoir été semée. On ne peut dire qu'il y ait eu des graines transportées, puisque des terrains découverts, situés à côté des coupes, ne produisent presque rien. Il faut que des milliers de graines s'ensevelissent pour plusieurs années, se conservent intactes, puis se réveillent avec la lumière et le grand air. Ce qui tendrait à le prouver, c'est que les plantes dont je parle sont toujours plus abondantes la deuxième année.

CLASS. I^a — COTYLEDONEÆ (1)

Sect. I. — **THALAMIFLORÆ.**

RANUNCULACEÆ Juss.

CLEMATIS Lin. Spec. — *Clematis* C. Bauh.

1. C. vitalba L. — Haies, bois, etc. Juillet-août. ♃. CC.

ANÉMONE Bauh. Lin.

2. A. nemorosa Lin. — Bois, etc. Mars-avril. ♃. — C. partout; fleur de grandeur variable, tantôt large et d'un blanc pur, tantôt petite et colorée de rose vif en dehors.

RANUNCULUS C. Bauh., Lin.

3. R. hederaceus Lin. — Fossés, ruisseaux, Avril-septembre. ♃. — C. partout.

Forma β. (2) *erectus* de Breb. — Tiges verticales de 4 à 5 décim., grêles, faibles. — Ruisseaux herbeux et profonds.

---

(1) Le nom de Dicotylédonées semble aujourd'hui trop exclusif. S'il n'est pas encore prouvé suffisamment que certaines plantes ont plus de deux cotylédons en leur graine, il n'est certes pas bien démontré que toutes n'en ont pas plus de deux. Dire les cotylédons digités est une explication qui tourne la question. Les *Pinus*, les *Monotropa* ont quelque chose d'insolite qui conduira un jour les botanistes à l'admission de plantes polycotylédonées.

(2) J'ai expliqué plus haut comment j'entends l'exposition des variétés et variations : le mot *forme*, que je place ici une fois pour toutes, est *sous-entendu* comme *dénominateur* général de toutes celles dont les lettres de l'alphabet grec sont les *numérateurs*.

4. R. Lenormandi Schultz. — Mares, fossés. Avril-juillet. ♃. — Forêts d'Yvignac, de Boquien, de Coëtquen, bois de la Garaye, vallée de l'Échapt; dans l'Ile-et-Vilaine, à Paramé, Tréverien. AR.

5. R. tripartitus DC. — Mares et fossés des landes et des bois. Mars-juillet. ①. — Forêts de Boquien, de Coëtquen, d'Yvignac, parc de la Garaye. AC.

6. R. aquatilis L. — Fossés, mares, étangs, etc. Mai-septembre. ♃. — CC. partout; plante polymorphe.

β *peltatus.* C.

γ. *truncatus.* — AC. Eaux profondes, étang du Rouvre, etc.

δ. *quinquelobus.* C.

ε. *homoiophyllos* Lloyd. — AC. dans les ruisseaux rapides du granit; ses tiges atteignent jusqu'à 2 mètres; la plante a le port du *R. fluitans* Lk.

ζ. *terrestris* Auct., *succulentus* H. — Sources des lieux desséchés. C.

7. R. Baudotii Godr. — Eaux saumâtres. Avril-juillet. ♃. — Bords de la Rance à la Courbure. R.

β. *terrestris* — Les feuilles ne sont pas aussi découpées que dans la variété correspondante de l'*aquatilis;* ordinairement elles ont trois folioles distinctes, mais laciniées ou multifides.

8. T. trichophyllus Chaix., *R. cæspitosus* et *capillaceus* Th., *R. paucistaminaneus* Tausch. — Mares, eaux profondes. Mai-juillet. ♃. — Saint-Juvat, région maritime. PC.

β. *terrestris, R. cæspitosus* Th., *R. Bauhini* Tausch. — Sources des terrains desséchés. Gazons épais, vert-sombre, avec des fleurs très-petites.

9. R. flammula L. — Lieux humides. Avril-septembre. ♃. — CC. partout.

β *ovatus* Bréb. — Feuilles larges, ovales, arrondies.

γ *serratus* Bréb. — Feuilles larges ou étroites, dentées en scie. C.

ς. *reptans* Lin. — Tige rampante, faible, radicante, fleur petite, feuilles linéaires. — Sources des grands marais, des eaux ombragées.

10. R. lingua L. — Marais tourbeux. — Juin-août. ♃. — Forêt de Coëtquen. R. — Dans les tourbières à Châteauneuf. R.

11. sceleratus L. — Lieux humides. Mai-septembre. ①. — Vallée de la Rance et région maritime. C. — Manque dans l'intérieur.

12. R. auricomus L. — Haies, bois. Avril-mai. ♃. — Bois du Chêne
à Dinan, Saint-Juvat. RR. — Les premières fleurs n'ont pas de
pétales, et les sépales sont jaunes.

13. R. Boræanus Jord., frag. 6. — Prairies. Mai-juin. ♃. CC.

14. R. nemorosus DC , excl. syn., *R. silvaticus* Th. — Bois, forêts.
Mai-juillet. ♃. — Forêts de Coëtquen, d'Yvignac, de Boquien
et de la Hunaudais. AC.

15. R. repens Lin. — Lieux humides. Mai-septembre. ♃. CC.
β. *eretus* DC. — Tiges dressées, sans stolons. — Fossés du littoral.
γ. *villosus* Bréb. — Tige couverte de longs poils. — Lieux secs. R.

16. R. bulbosus. Lin. — Prairies, etc. Avril-juin. ♃. — C. partout.
β. *parvulus* Bréb. — Plante naine à 2-5 f. radic., 1-3 flore. — Sables
maritimes.

17. R. philonotis Lin. — Lieux secs, humides l'hiver. Mai-juillet. ①
— AC. par localités. — Saint-Juvat, Dinan, le littoral, etc. AC.

18. R. parviflorus Lin. — Lieux secs un peu sablonneux. Mai-juin. ①.
— Vallée de la Rance, Saint-Juvat. — Plus C. sur le littoral.

19. R. arvensis L. — Moissons. juin-juillet ①. — Plesder en Ill.-et-
Vil. — Saint-Juvat, Saint-Briac, Dahouet, etc.; dans les côtes
du Nord. AR.

FICARIA Dill. (Nov. gener 103).

20. F. ranunculoides Mænch. — Lieux frais. Février-mai. ♃. CC. —
Varie à sinus de la base des feuilles, très-ouvert par la diver-
gence des lobes ou tout-à-fait fermé, et à lobes se recouvrant
l'une l'autre ; mais cette forme n'a aucun des autres caractères
atribués aux *F. ambigua* et *grandiflora*.

. HELLEBORUS Lin. (Gener 702).

21. H. viridis Lin. — Haies, bois. Mars-avril. ♃. — Route de Combourg, à la ferme Saint-Nicolas ; Saint-Juvat ; çà et là sur le
littoral. — R. introduit. — Je n'ai pas rencontré le *Caltha palustris* L. qui croît à Redon ; peut-être existe-t-il à Dol, Châteauneuf ou dans le Menez.

ISOPYRUM Lin.

22. I. thalictroides L. — Bois. Mars. ♃. — Vallée de la Rance, au-
dessus de Dinan, sur les deux rives. R.

AQUILEGIA Lin. (Gen. 684).

23. A. vulgaris L. — Bois frais. Mai-juin. ♃. — Forêts de Boquien et de Coëtquen ; la Courbure à Dinan ; Plancoët, etc. AR.

DELPHINIUM Lin. (Genr 684).

24. D. Ajacis L. — Moissons. Juin-août. ①. — Moissons et sables maritimes de la presqu'île de Saint-Briac. RR.

BERBERIDEÆ.

BERBERIS Lin. (Genér. 442).

25. B. vulgaris L. — Haies, parcs, etc. Mai-juin. R. Naturalisé.

NYMPHÆACEÆ Salisb.

NYMPHÆA Tournef. Inst. ex part.

26. N. alba L. — Rivières, étangs, etc. Juin-août. ♃. — C. surtout à l'intérieur.

NUPHAR Sibth. et Sm. (Prodr. fl. græc.).

27. N. luteum Lin. — Mêmes lieux. Juin-août. ♃. — CC. Les feuilles immergées sont minces, molles et ondulées.

PAPAVERACEÆ Juss. (Gener 235).

PAPAVER Tournef. Inst.

28. P. argemone Lin. — Moissons, terres cultivées. Mai-juillet. ①. — Moissons du littoral, Saint-Juvat, etc. — Manque dans le granit.

29. P. hybridum Lin. — Mêmes lieux. Mai-juillet. ①. — Moissons du littoral. — Manque tout-à-fait dans l'intérieur.

30. P. rhæas Lin. — Mêmes lieux. Mai-septembre. ①. — C. partout. — CC. sur le littoral.

31. P. dubium Lin. — Décombres, vieux murs. Mai-juillet. ①. — Murs de Dinan, Saint-Juvat, etc. ; tout le littoral. AC. — Cette plante a été divisée en plusieurs espèces.

GLAUCIUM Tournef. Inst.

32. G. luteum Scop., *G. flavum* Cr. — Sables maritimes. Juin-octobre. ♃. AC.

CHELIDONIUM Tournef. Inst.

33. C. majus Linn. — Décombres, murs. Mai-septembre. ♃. C.

FUMARIACEÆ DC. (Syst. II, 105).

CORYDALIS DC. Syst.

34. C. lutea C. Bauh. Pin. — L. Vieux murs. Avril-septembre. ♃. —
Dinan, Saint-Juvat, Matignon, etc.; on la voit sur les murs
très-récents : c'est une preuve qu'elle se répand et qu'elle se
reproduit d'elle-même.

35. C. claviculata Lin. — Côteaux du granit. Avril-juillet. ♃. —
AC. sur les grands côteaux.

FUMARIA C. Bauh. et veter.

36. F. pallidiflora Jord.; Arch. Bill; Bor. 117; *F. capreolata* Auct. —
Décombres, pied des murs. Mai-août. ♃ — Village de Saint-
Ideuc, près Saint-Malo.

La *F. speciosa* Jord. — A fleurs plus grandes, presque roses. — Croît
à Brest.

37. F. Boræi Jord., 1849.; *F. Bastardi* J., 1848. — Moissons de tous
les terrains. ①. Mai-juillet et août-septembre; elle est bisannuelle sur les côteaux de la Rance, et fleurit en avril-mai.

38. F. confusa Jord.; *F. Bastardi* Bor., 119! — Lieux sablonneux.
Juin-juillet. ①. — Lavarde près Saint-Malo. — Fleurs moitié
plus petites que dans la précédente.

39. F. officinalis L. — Moissons, etc. Mai-octobre. ① — Moissons du
littoral; moins commune à l'intérieur; Saint-Juvat, vallée de la
Rance, etc.

CRUCIFERÆ Juss. (Gener 237).

RAPHANUS C. Bauh. pin. Lin.

40. R. raphanistrum Lin. — Moissons, friches. Juin-octobre. ①. —
CC. surtout sur le littoral.

41. R. maritimus. Sm. — Rochers, sables. ②. — Ilot en face de Saint-
Briac (1862), pointe de la Lavarde. — Croît aux îles Bréhat,
hors de nos limites. RR.

BRASSICA C. Bauh., Lin.

42. B. CHEIRANTHOS. Vil. — Décombres, rochers. Juin-août. ♃ et ②.
— C. dans le granit moderne. — Cette plante, ordinairement
bisannuelle, vit trois et quatre ans sur les rochers ou dans les
murs.

43. B. CAMPESTRIS L. — Terres cultivées, bords des chemins, etc.
Avril-mai. ②. — Naturalisé. Se reproduit très-bien et à-peu-
près partout.

SINAPIS C. Bauh., Lin.

44. S. NIGRA L. — Champs, décombres, berges. Mai-juillet. ① et ② —
Sur le littoral. — R. ou nul à l'intérieur. — C. sur le littoral où
ses tiges atteignent parfois 2 mètres; quelques pieds repoussent
à l'automne et forment des rosettes pour l'année suivante, surtout pendant les hivers doux.

45. S. ARVENSIS Lin. — Champs. Juin-août. ①. — CC. partout.
β. *hispida* Guép. — Silique à poils réfléchis; bec glabre. AR.

46. S. INCANA L., *H. adpressa* Mænch. — Champs sablonneux. Juin-
août. ②. — De Saint-Malo à Paramé; Saint-Lunaire, Saint-
Jacut de la mer.

DIPLOTAXIS DC. Syst. — *Sisymbrium* L.

47. D. TENUIFOLIA L. — Décombres, sables. Juin-septembre. ♃. —
Région maritime de Saint-Coulomb à Dahouet. — Manque sur
quelques points. — Il paraît que cette plante, si commune à ces
localités, a été introduite.

48. D. MURALIS Lin. — Mêmes lieux. ①, ② et ♃. Juin-septembre. —
C. Saint-Malo; puis graduellement plus rare à Dinard, Saint-
Lunaire, Saint-Briac et Saint-Jacut.

ERUCA Tournef. Inst.

49. E. SATIVA Link., *B. eruca* L. — Champs sablonneux. Juin-juillet. ①.
— Naturalisée? dans les luzernes de Saint-Briac et Saint-Lunaire.

SISYMBRIUM Lin. (224 *ex parte*).

50. S. OFFICINALE Lin. — Décombres, chemins, etc. Mai.-août. ②. —
Partout. CC.

51. S. sophia L. — Bords des chemins. Mai-octobre. ①. — Lehon, berge du canal, maison ruinée Landboulon. — RR. paraît et disparaît. — Le *S. austriacum* J. est très C. sur les murs à Rennes, à 52 kilom. de Dinan.

ERYSIMUM Lin. (Gener 814).

52. E. alliaria Lin. — Haies, bois, etc. Avril-mai. ② — C. partout.

MATTHIOLA R. Brown.

53. M. sinuata L. — Rochers du littoral. Juin-septembre ②. — Lavarde, où il n'y a que quelques pieds dans les rochers.

CHEIRANTHUS Lin.

54. C. cheiri Lin. — Vieux murs, rochers. Avril-mai. ♃. — Vieux murs des villes et des châteaux, rochers de la Courbure et du littoral. C.

BARBAREA R. Brown. — *Erysimum* Lin.

55. B. vulgaris Lin., Bor. — Lieux frais, haies. Mai-juin ♃. — R. à l'intérieur. — C. en approchant de la région maritime.

56. B. intermedia Bor. — Mêmes lieux. ♃. Avril-juin. — Aussi commun. — La *Barbarea* de Saint-Briac, à fleurs petites, ressemble à la *B. stricta* Fr.

57. B. præcox Sm. DC. — Champs cultivés, murailles. Avril-mai et octobre. ②. — R. murs de Dinan. — AC. région maritime.

β. *arcuata* Reich. — C'est sous ce nom qu'il faut ranger, je crois, les *B. præcox*, dont les siliques mûres sont divariquées-arquées, et un peu plus courtes que d'ordinaire. C'est la forme de l'intérieur : ses siliques n'ont quelquefois pas la moitié de celles des pieds du littoral.

TURRITIS Dilen (Nouv. gener 420, Lin.).

58. T. glabra Lin. — Lisières des bois, talus. Mai-juillet. ②. — Talus des haies dans les communes de Saint-Carné et de Lehon; la Courbure, dans le granit ancien. R.

ARABIS Lin. (Gener 842).

59. A. sagittata DC. — Talus et pelouses du calcaire. Mai-juin. ♃. — Pointe de Saint-Jacut et île des Ébiens. — RR. elle y est très-abondante, et ne se retrouve pas ailleurs.

60. A. THALIANA L. —Talus, champs, etc. Mars-juillet. ①. — CC. partout. — Repousse et refleurit en automne. — Plante polymorphe ; sur les murailles elle a une rosette de feuilles épaisses,
une tige courte, rouge et 8 à 10 fleurs. — Sur les sables maritimes 2 ou 3 feuilles radicales, et une tige 1-2 flore. — Sous les
bois sa tige s'allonge avec ses feuilles et elle est décombante.

CARDAMINE Lin. (Gener 812).

61. C. PRATENSIS Lin. — Marais, prairies humides. Mai-juin. ♃. —
C. partout. — Je l'ai trouvé à fleurs doubles.

β. *C. fragilis* Degl., Lloyd, p. 35. — Plus tardive ; fleurs blanches ;
feuilles toutes linéaires, étroites, dressées contre l'axe ; siliques
courtes, grêles ; tige forte, raide. Juin-juillet. — Les marais du
Menez et prés du littoral. AR.

62. C. HIRSUTA. Lin. — Haies, murs, graviers, etc. Mars-mai, puis
septembre. ①. — CC. partout, et à formes très-variables. —
Dans les hivers très-doux, elle fleurit dès la fin de janvier ; les
formes *Multiculmis* Hoppe., et *Micrantha* Good., ne sont dues
qu'au terrain : l'une reproduit l'autre.

63. C. SILVATICA Link. — Bords des ruisseaux du granit. Avril-juin. ①.
— Vallée de Bobital, Brusvily, Calorguen. — Manque sur le
littoral. AR.

NASTURTIUM C. BAUH., pin. R. BROWN.

64. N. OFFICINALE R. Brown. — Eaux courantes. Mai-octobre. ♃. —
C. partout. — Plus C. sur le littoral. — La *F. β. microphyllum*
Reich. est produite par les tourbières ; elle se trouve à Châteauneuf. — La *F. γ. minimum* Breb. vient sur les sables qui se des-
sèchent à l'été. — Bords de la mer.

65. N. SIIFOLIUM Reich. — Eaux profondes des terrains spongieux. Mai-
septembre. ♃ —Vallée des environs de Dinan, la Garaye, Châteauneuf. PC. — La culture ne fait pas changer ses caractères ;
les siliques sont plus longues que celles de l'*officinale*.

66. N. SILVESTRE Lin. — Bords des eaux, etc. Juin-septembre. ♃. —
Çà et là sur les terrains d'alluvion. PC. —Plus C. sur le littoral.

67. N. PALUSTRE DC. — Bords des eaux. Mai-septembre. ②. —Bords de
la Rance, à Lehon ; Saint-Juval. — C. aux étangs de Jugon. AR.
— Le *Sisymb. pusillum* Th. est la forme des terrains où l'eau

disparaît au printemps. — La tige, en général simple, est droite, petite et raide. — Le *S. hybridum* Th. est la forme la plus C., et vient à l'arrière-saison aux bords des étangs. — Tiges diffuses, feuilles longues, molles.

68. N. AMPHIBIUM Lin. — Marais, etc. Juin-septembre. ♃. — CC. partout.

B. SILICULOSÆ.

CAKILE Lin.

69. C. MARITIMA Scop. — Sables maritimes. Mai-septembre. — C. sur toutes les plages.

CAMELINA Crantz.

70. C. DENTATA Pers. — Champs de lin, prairies. Mai-Juin. ①. — Trouvé en 1859 par M. Henri de Ferron dans les prairies de la Rance à Pontperrin. Je ne l'ai pas revue.

CAPSELLA Vent.

71. C. BURSA PASTORIS Lin. — Décombres, chemins, etc. ①. Avril-décembre. — Pas aussi C. que dans le calcaire. — Manque dans le granit ancien.

SENEBIÉRA Pers. — *Cochlearia* et *Lepidium* Lin.

72. S. RUELLII Dalecp. — Décombres, etc. Mai-août. ①. — CC. partout où l'influence de la mer se fait sentir. — Nul dans l'intérieur.

73. S. DIDYMA Smith., *Pinnatifida* DC. — Mêmes lieux. Juin-septembre. ①. — Dahouet et ses environs ; la Courbure à Dinan. R.

TEESDALIA R. Brown.

74. T. NUDICAULIS Lin. — Côteaux, pelouses sèches. Mars-juin. ①. — CC. sur tous les côteaux ; surtout ceux où les bruyères et les ajoncs ont formé de l'humus.

CISTACEÆ Spach. Monogr.

HELIANTHEMUM Tournef. — *Cistus* L.

75. H. GUTTATUM Lin. — Lieux sablonneux ou secs. Juin-août. ①. — Abondant à la forêt de Coëtquen et à Loudéac. R.

76. H. VULGARE Gært., *C. helianthemum* L. — Bois secs. Juin-août. ♃. — Dahouet, falaises depuis le vieux fort jusqu'à la grève du Val-André. RR.

VIOLARIEÆ DC. Fl. Fr.

VIOLAC. BAUH. et Veter. L.

77. **V. PALUSTRIS** Lin. — Lieux tourbeux ou spongieux. Avril-mai. ♃.
Chaîne du Menez. — Abondant dans quelques marais assez éloi-
gnés les uns des autres; notamment à Montcontour, au marais
de Troerne, au pied du pic de Croquelien. — Fleurit peu. RR.

78. **V. HIRTA** Lin. — Côteaux, haies. Avril-mai. ♃. — AC. dans les
haies, surtout dans la vallée de la Rance.

79. **V. ODORATA** L. — Côteaux, haies fraîches, etc. ♃. Mars-mai.— C.
varie pour la grandeur des fleurs.

β. *alba*. — Fleurs blanches et feuilles d'un vert clair. AC.

80. **V. DUMETORUM** Jord. — Buissons, bois frais. Mars-juin. ♃. Côteaux
de la Rance près de Dinan. — Très-distincte et conservant tous
ses caractères. — Feuilles vert-grisâtre ou cendré, grandes,
persistantes, très-obtuses; pédicelles longs, velus jusqu'au sommet; fleurs grandes, blanches, à éperon violet; capsules gros-
ses, ovales, arrondies, hispides. (V. JORDAN, pugil., page 16.)

81. **V. RIVINIANA** Reich. — Côteaux, haies, etc. ①. Juin. ♃. — Sur
les côteaux découverts, croît une forme qui ne diffère que par
ses fleurs moitié plus petites, d'un violet pâle, et ses feuilles
petites, aiguës, vert sombre. — Ce n'est ni *V. Reichenbachiana*,
qui est voisine de la *S. silvestris*, plante étrangère à la Bretagne;
ni *V. nemoralis* Jord.

82. **V. CANINA** Lin. — Bois secs. Mai-Juin. ♃. — Bois de Rouget à
Saint-Juvat; carrières à sablon. RR.

83. **V. LANCIFOLIA** Thore. — Landes, etc.; landes et bruyères de Coëtquen, d'Yvignac. — Très C. au Menez. AC.

84. **V. MEDUANENSIS** Bor., Lloyd v.? n° 2. — Champs cultivés. Mai-
septembre. ① et ②. — C. par localités; communes de Saint-
Carné, Beaulieu, Brusvily, Jugon, Lehon, etc.; elle semble
préférer le granit moderne.

85. **V. PROVOSTII** Bor., Fl. Centr., p. 81. — Mêmes lieux. Juin-août. ①.
— Champs cultivés ou granits à Bobital, Brusvily et Beaulieu;
elle croît toujours avec la précédente.

86. **V. SEGETALIS** Jord. — Champs cultivés, moissons. Mai-septembre.
①. — Moissons du littoral. AC. — Nul à l'intérieur. — J'appelle
ainsi avec M. Jordan les *Viola*, dont les bractées ont le lobe

médian entier ; les pétales courts, les supérieurs obovales, tachés de violet à l'extrémité. — N'est-ce pas la même plaine que la *V. arvensis* Murray ?

87. V. RURALIS Jord., Bor. 300. — Moissons, etc. Mai-septembre. — C. dans presque toutes les moissons. C.

88. V. AGRESTIS Jord., Bor. 299. — Mêmes lieux. Juin-septembre. — Beaucoup moins C. et ne se rencontrant que çà et là. — Sans localités constantes. PC.

RESEDACEÆ DC. Théor. élém.

RESEDA L.

89. R. LUTEA Lin. — Champs sablonneux. ②. Juin-août. — De Saint-Malo à Rotheneuf. RR.

90. R. LUTEOLA Lin. — Talus, champs incultes. Juin-août. ② — C. sur le littoral et à Saint-Juvat. — AC. ailleurs. — Presque nul dans le granit. — J'ai vu deux ans de suite à Saint-Lunaire un champ de luzerne couvert du *R. odorata* L.

DROSERACEÆ DC. Théor. élém.

DROSERA LIN.

91. D. ROTUNDIFOLIA Lin. — Lieux humides parmi les *Sphagnum*. Juillet-août. ♃. — Landes Gimbert en Plesder ; landes de Plélan, de la Garaye ; le Menez. AC. — Les rosettes qui ont fleuri périssent, et il sort de la souche filiforme un bourgeon qui donne une rosette en février-mars, et des fleurs en juin-juillet. — La jeune plante venue de graine ne fleurit pas l'année où elle naît.

92. D. INTERMEDIA Hayne. — Mêmes lieux. Juin-août. ♃. — Plus C. Yvignac, Plélan, Châteauneuf, où elle couvre les sillons des champs des blés ; tout le Menez.

POLYGALEÆ Juss. Ann. Mus. 386.

POLYGALA LIN. 851.

93. P. VULGARIS Lin. — Pelouses, landes. Mai-août. ♃. — CC. et très-variable.

β. *floribus violaceis, vel rubro-violaceis* AC.

γ. *floribus pallide cœruleis.* -- Côteaux maritimes. AC.

δ. *floribus albis, minor.* — Landes fraîches. R.

An spec.? Le *Polygala* qui croît dans les sables maritimes pourra peut-être se distinguer comme espèce : souche dure, épaisse, blanche, enterrée, émettant des tiges nombreuses presque ligneuses, rampantes, couchées; épis terminaux à fleurs nombreuses; divisions du calice comme dans le *P. vulgaris* L., mais constamment plus grandes, vertes, lavées de bleu; fleurs bleues, bleu pâle et rosées; grappes longues, fournies à 10-20 fleurs pendantes, assez longuement pédicellées.

94. P. OXYPTERA Reich. — Pelouse des falaises. Juin-juillet. ♃. — Saint-Malo et de là jusqu'à Dahouet. — Ailes cunéiformes, aiguës, plus étroites et à peine aussi longues que la capsule. AR.

95. P. DEPRESSA Wend., *serpyllacea* Weih. — Bois, landes. Avril-juin. ♃. — CC. partout.

β. *floribus candidis, parvis.* Dans les *Sphagnum.* C. au Menez.

FRANKENIACEÆ SAINT-HIL.

FRANKENIA LIN.

96. F. LÆVIS — Lin. Rochers du littoral, terres salées. Mai-août. ♃. — C. sur le littoral. — Remonte la Rance jusqu'au Chêne-Vert. AC.

CARYOPHYLLEÆ JUSS. (Gener 299).

DIANTHUS LIN.

97. D. PROLIFER Lin. — Terres sèches, sablonneuses. Juin-juillet. ①. — Tout le littoral de l'Ile-et-Vilaine et des Côtes-du-Nord. — R. ou nul à l'intérieur.

β. *simplex* Breb. — Tête uniflore, tige grêle. — Sables maritimes. — Je ne crois pas qu'on puisse lui rapporter le *D. diminutus* L., Systema veget., page 711.

98. D. ARMERIA L. — Haies, talus. Juin-août. ②. C.

99. D. CARYOPHYLLUS Lin. — Vieux murs. Mai-juin. ♃. — Murs de la ville de Dinan; Saint-Juvat, Matignon, le Guildo, et tous les vieux châteaux.

β. *flore albo, foliis et caule pallescentibus.* — Murs de Dinan. R. — Je n'ai rencontré ni *Saponaria*, ni *Cucubalus.*

SILENE L. (Gener 772).

100. S. INFLATA Smith. — Moissons, bords des chemins. Juin-août. ♃. — C. sur le littoral. — R. à l'intérieur; Saint-Juvat, etc. — Cette espèce a été divisée en plusieurs, qui sont assez difficiles à distinguer.

101. S. MARITIMA With. — Rochers maritimes. Mai-septembre. ♃. — C. sur les rochers de la côte ; remonte jusqu'à Dinan. — Je n'ai pas trouvé au Menez la forme indiquée sur les rochers des montagnes Noires par la Flore de l'Ouest, page 70.

102. S. CONICA Lin. — Sablés maritimes. Mai-juillet. ①. — C. sur les grèves.

103. S. GALLICA Lin. — Moissons, etc. Juin-juillet. ①. — C. tout le littoral ; à l'intérieur, Saint-Juval, Plesder, etc. AC. — La fleur est souvent carnée ; mais je n'ai pas trouvé de forme qui le puisse rapporter au *S. anglica* L. ; dont le calice fructifère est étalé.

104. S. NUTANS L. — Rochers, côteaux du granit. Avril-juin. ♃. C.

105. S. ANNULATA Thore., *rubella* DC. — Champs de lin. Avril-mai. ①. — Champs près de la forêt de Goëtquen ; sur la route de Combourg. Mai 1859 et 1860. RR.

LYCHNIS C. BAUH. Pin., TOURNEF. Inst.

106. L. DIOICA Lin., DC. (*L. dioica v. β.* Lin.), *Vespertina* Sibth. — Talus. Mai-septembre. ♃.

β. *carnea*. — Plante robuste, vert foncé ; fleurs roses. — L'Échapt et sa vallée. R.

107. L. SILVESTRIS C. Bauh., Hoppe ; *L. Dioica α.* Lin. — Rochers humides, etc. ♃. — Abondant dans ses localités ; vallée de la Rance, la Garaye, Coëtquen, Saint-Juval, Jugon, Dahouet, etc. AC.

108. L. GITHAGO Lin. — Moissons. Mai-juillet. ①. C. — Plante singulière, peut-être exotique et s'accommodant de tous les terrains.

Sect. **B. ALSINÉE** Koch.

SAGINA Lin. (Gener 176).

109. S. PROCUMBENS L. — Lieux frais. Mai-novembre. ♃. — CC. partout.

110. S. APETALA L. — Champs pierreux, murs. Mai-juin. C.

111. S. PATULA. Jord. — Pelouses rases. Mai-juin. ①. — Région maritime de Saint-Briac à Dahouet. — Localisée plutôt que rare ; diffère de *S. apetala* par ses rameaux étalés ; son calice appliqué sur l'ovaire, et ses pédoncules velus, glanduleux à leur partie supérieure.

112. S. AMBIGUA Lloyd. — Pelouses des falaises, etc. Mai-juin. ①. — Environs de Lamballe, de Morieux, presqu'île de Dahouet R.

113. S. MARITIMA Don. — Lloyd. — Talus et rochers. Juin. ①. — C. partout où la mer peut atteindre.

β *stricta*. — Tiges vertes, jamais rouges ; rameaux très-nombreux.
Lieux humides, sources des falaises. — L'ovaire est distincte-
ment pédicellé dans cette variété, quoique M. Jordan dise le
contraire au sujet de la *maritima*. — Toutes les fleurs de *S. maritima* que j'ai examinées ne m'ont jamais montré d'ovaire sessile
sur le réceptacle.

SPERGULA L. (Gener 588).

114. S. VULGARIS Boën. — Cultures, etc. Mai-Juillet. ☉.

115. S. NODOSA W. — Lieux humides. Juin-juillet. ♃. — Dahouet.
(H. de Ferron, 1860.) RR.

116. S. SUBULATA Sw. — Lieux sablonneux. Juin-septembre. — Bords
des routes, etc. AC.

ARENARIA Lin (Gener 774).

117. A. LEPTOCLADOS Guss. Ll., Fl. O., p. 77. — Murs, talus, etc.
Février-août. ☉. — CC. partout.

118. A. LOYDII Jord. pug. Lloyd., Fl. O., p. 77. — Sables maritimes,
côteaux secs. ☉. AC.

119. A. TRIVERVIA Lin. — Partout. Mars-août. ☉. C.

ALSINE Koch.

120. A. TENUIFOLIA Lin. — Terres sablonneuses. Mai-juillet. ☉. —
Côteaux de la Courbure, sur la pente des côteaux. R.

121. A. VISCIDULA Th. Jord. — Sables maritimes. Mai-juillet. ☉. —
C. sur le littoral. — R. à l'intérieur ou nul. — Plante distincte
de la précédente et se reproduisant sans altération de ses graines.

HALIANTUS Fries.

122. H. PEPLOIDES L. — Sables maritimes. Mai-juin. ♃. — CC. fruits
en juillet-août.

SPERGULARIA Pers. (Ench. bot.).

123. S. RUBRA Lin., Wahl. — Lieux arides. Mai-septembre. ☉. — C. à
l'intérieur. — R. sur le littoral.

124. S. MARINA Roth. — Rochers maritimes, terres salées. ♃ ! et ②.
— AC. région maritime.

Obs. — Je m'y suis pris trop tard pour pouvoir distinguer les espèces confondues sous ce nom. Je puis assurer cependant qu'on trouve à Lavarde,
Rotheneuf et St-Juvat dans les rochers, la *Sp. rupestris* Kindb., *Lepigonum*

Fries. Vivace, graines sans ailes, entourées d'un rebord épais marqué de petits tubercules;

2° La *S. salina* Fr., racine annuelle! ou rarement bisannuelle; pédoncules feuillés; graines arrondies, les inférieures ailées, elle croît dans les prés salés de tout le littoral.

M. de Brébisson distingue encore la *Sp. neglecta* Kindb. que je n'ai pas rencontrée. (Voir Fl. Norm., page 54.)

125. S. MEDIA Lin., *Marginata* Lin. DC.? — Terres salées. Mais-septembre. ① et ②. — C. dans les prés salés. — Il y a probablement deux espèces confondues sous ce nom.

STELLARIA Lin. (Gener 568).

126. S. MEDIA With. — Partout et toujours.

. *undulata* Breb. — Feuilles ondulées, crispées, rapprochées, vert foncé. — Prairies tourbeuses. AR.

127. S. NEGLECTA Weihe. — Haies, etc. Avril-mai. ①. — Vallée de la Rance. PC.

128. S. BORÆANA Jord., *S. apetala* Bor. — Murs, etc. Avril-septembre. AC.

129. S. HOLOSTEA Lin. — Haies, etc. Avril-juillet. ♃. CC.

130. S. GRAMINEA. Lin. — Haies fraîches, prés, etc. Mai-août. ♃. CC.

131. S. ULIGINOLA Mun., *Larbrea aquatica* Saint-Hil. — Lieux humides. Avril-septembre. ♃. CC.

MOENCHIA Ehrh. (Beitr.).

132. M. ERECTA Lin. — Pelouses des côteaux. Février-juin. C.

MALACHIUM Fries.

133. M. AQUATICUM Lin. — Lieux humides. Juin-septembre. ♃. — Prairies de Saint-Juvat, Saint-Malo, près du ruisseau. R.

CERASTIUM Lin. (Gener 585).

134. C. GLOMERATUM Th., *C. vulgatum* L. ex Lloyd., page 83. — Champs, lieux sablonneux. Mai-août. ①. — CC. avec une forme très-velue, un peu visqueuse. — Fleurs agglomérées en panicule serrée; pédoncule jamais plus long que le calice; bractées toutes herbacées; plantes vert-jaunâtre, à feuilles larges, ovales.

135. C. SEMIDECANDRUM L. — Sables maritimes, etc. Avril-mai. ①. — Sables du littoral, et quelques points de la vallée de la Rance. AC.
β. *pellucidum* Chaub. — Mêmes lieux. — Bractées entièrement scarieuses; nervures des feuilles sup. pellucides. — Plus C.

136. C. tetrandrum Curt., *C. pumilum* Curt. — Sables maritimes. Avril-mai. ①. — C. sur le littoral. — On trouve sur le même pied des fleurs à 5 et à 4 parties.

137. C. triviale Link., *C. viscosum* L. ex Lloyd., page 84. — Champs, murs, etc. ① et ②. Avril-septembre. — C. partout. — Bractées sup. scarieuses au bord; sépales tous scarieux au bord, péd. 1-2 fois plus longs que le calice. — Tiges latérales radicantes à la base.

Obs. — Les auteurs ne sont pas d'accord sur la synonymie de ce genre difficile. J'ai suivi la Flore de l'Ouest; et comme je donne les caractères des plantes que j'ai vues, il sera toujours facile de les reconnaître.

ELATINEÆ Cambess.

ELATINE Lin. (Gener 685).

138. E. hexandra DC. — Vases des étangs. ①. Juin-octobre. — Étang du Rouvre en Pleuguéneuc. R. — J'ai trouvé dans le même étang en 1863, une Elatine submergée, à tiges ascendantes, à feuilles inférieures pétiolées, non encore fleurie, et qui se rapporte peut-être à l'*État-major*. Braun. Bor. Fl. centr., p. 114.

LINEÆ DC. Prodr.

LINUM C. Bauh., Lin.

139. L. angustifolium C. Bauh. ex parte; Huds! — Champs, pelouses. Mai-juillet. ♃. — C. vallée et côteaux de la Rance; Saint-Juvat. C. — Région maritime. C.

140. L. usitatissimum L. — Cultures. Mai-juillet. Fréquemment cultivé. —Cette espèce est déjà décrite dans Bauhin sous les noms de *L. latifolium* et *L. sativum.*

141 L. catharticum Lin. — Landes, bois, etc. Mai-juillet. ①. — C. partout.

β. *uliginosum.* — Panicule serrée ou penchée, feuilles droites appliquées contre la tige qui est raide, simple et droite. — Landes tourbeuses. Ac.

RADIOLA Gmel. (Syst. 289).

142. R. linoides Gm. — Lieux humides, sablonneux. Mai-juillet. ①. CC. — *Radiola* étant un nom spécifique, n'aurait pas dû être changé.

(47)

MALVACEÆ Juss. (Gener. 271).

MALVA BAUH., LIN.

143. M. MOSCHATA Lin. — Prés, landes. Mai-juillet. ♃. Ac. — La forme
à feuilles très-découpées, à lobes linéaires, même dans les feuilles
inférieures, à fleurs presque inodores, doit être la *M. Laciniata*
Desr., Bor. n° 458. — Vallées sablonneuses du littoral. AR.

144. M. SILVESTRIS L. — Lieux incultes. Juin-septembre. CC.
   β. *pallens.* — *Floribus candidis, latis; caulibus foliisque pallescen-*
   tibus, plerumque hirsutissimis. — Berges de la Rance où elle
   n'est pas rare, et où elle forme de larges touffes. R.

145. M. ROTUNDIFOLIA Lin. — Rues, chemins, etc. Juin-octobre. ♃. —
   C. dans les vallées.

146. M. NICÆENSIS Cav.—Lieux arides. Juin-Août. ♃.—Dahouet, et près
   de la plage de Jospinet. — Je ne l'ai pas cueillie moi-même. RR.

ALTHÆA B. LIN. (Gener 839).

147. A. OFFICINALIS Lin. — Bords des eaux. Juillet-août. — Bords du
   ruisseau de Trégon, près de Saint-Jacut; le Guildo; Port-à-la-Duc;
   Rothéneuf et Dol. R.

LAVATERA LIN.

148. L. ARBOREA Lin. — Falaises et rochers. Mai-juillet. ①. — Ile Cé-
   sembre à Saint-Malo; rochers de Lavarde; fossés de Saint-Malo;
   falaises de Dinard. — R. paraît et disparaît. — Abondante à Dinan
   en 1862.

TILIACEÆ Juss. (Gener 289).

TILIA LIN. et Veter. omn.

149. T. PARVIFLORA Ehrh. — Planté, mais non naturel, devenu spontané
   à Boquien.

150. T. GRANDIFOLIA Ehrh. — Promenades et plantations. C.

151. T. ARGENTEA Desf. — Fréquent sur le littoral, mais non spontané.

HYPERICINEÆ DC. Fl. Fr. 860.

HYPERICUM C. BAUH., LIN.

152. H. TETRAPTERUM Fr., *quadrangulum* Sm. — Bords des eaux. Juillet-
   août. ♃. AC. — C. sur le littoral.

153. H. QUADRANGULUM L., *dubium* Leers.—Prés, bois. Juillet-août. ♃.
   — Vallée de la Rance; bois de Saint-Juval. AR.

154. H. PERFORATUM Lin. — Lieux incultes. Juin-août. ♃. — C. partout.

155 H. MICROPHYLLUM Jord. Bor. 472. — Lieux secs. Juin-août. ♃. — Falaises pierreuses de Saint-Lunaire, Saint-Briac, Saint-Jacut. R. — Sépales lancéolés; linéaires aigus, pédicelles plus longs que le calice.

156. H. HUMIFUSUM Lin. — Champs du granit. Juillet-septembre. C.

157. H. LINEARIFOLIUM Wahl. — Côteaux du granit. Juin-juillet. ♃ — La Courbure, et de là jusqu'à Saint-Malo sur le granit ancien; Bobital, Caulnes, etc., sur le quarz et le granit moderne. AC.

158. H. PULCHRUM L. — Landes, buissons. Juin-août. ♃. C.

159. H. MONTANUM L. — Lieux frais. Juin-juillet. ♃. — Vallée de la Rance. R.

160. H. HIRSUTUM Lin. — Haies, bois. Juillet-août. AC. — Dans les vallées. AC.

161. H. ELODES Lin. — Marais. Juin-septembre. ♃. — C. partout.

ANDROSÆMON Fuchs et Veter, All., etc.

162. A. OFFICINALE All. — Lieux frais. Juin-juillet. ♃. — Vallée de la Rance; la Garaye, bois du littoral, etc. AC. — *Hyp. colycinum* Lin. s'est naturalisé sur le promontoire du Chêne-Vert. — *H. hircinum* L. est dans quelques haies. Ces plantes ne paraissent pas spontanées.

ACERINEÆ DC. (Théor. el.).

ACER Veter. auct. et LINN.

163. A. CAMPESTRE Lin. — Bois, haies. — Mai. AC. — Les *A. pseudoplatanus* et *platanoïdes* Lin. ne se trouvent que dans les plantations.

HIPPOCASTANEÆ DC. (Th. el.).

ÆSCULUS Lin.

164. Æ. HIPPOCASTANUM L. — Bois et promenades. Mai. Certainement spontané.

GERANIEÆ DC. (Fl. Fr. 838.).

GERANIUM C. Bauh., Lin.

165. G. MOLLE Lin. — Partout. Mai-septembre. ①. CC.

166. G. COLUMBINUM L. — Prés, haies. Juin-septembre. ①. C.

167. G. DISSECTUM Lin. — Prés, haies. Juin-juillet. ①. C.

168. G. ROTUNDIFOLIUM Lin. — Côteaux, décombres, etc. Mai-août. AC.
— C. rég. marit.

169. G. LUC.DUM Lin. — Décombres, murs. Mai-juin. C. ①.

170. G. ROBERTIANUM L. — Partout. Mai-septembre. CC. ①.

171. G. MODESTUM Jord. — Haies, murs, etc. Mai-juillet. ①. Vallée de
la Rance, Saint-Malo, Saint-Jacut, Dahouet, etc., AC.

172. G. SANGUINEUM Lin. — Côteaux, falaises. Juin-septembre. ♃. —
Saint-Jacut et île des Ebiens, Saint-Briac, Lavarde, Saint-Coulomb, R.

ERODIUM L'HER. (Gér., t. 2, 6.)

173. E. CICUTARIUM Lin. — Partout, de mars en septembre. ①. — Je
suis forcé de passer sur les nombreuses espèces comprises sous
ce nom; elles ont été décrites par M. Jordan; je ne noterai que
la suivante, que j'ai cultivée.

174. E. LEBELII Jord. — Sables maritimes. Mai-octobre. ① et ②. —
Tout le littoral. AC. — Pédoncules longs, à 4-7 fleurs; pétales
ovales, assez grands, blancs, quelquefois un peu rosés à l'extrémité; anthères rosées à pollen rouge-orange; feuilles d'un vert
cendré, souvent blanchâtre, à lobes ovales, aigus, rapprochés;
au printemps, la plante forme des rosettes d'un vert grisâtre avec
deux ou trois pédoncules multiflores; dans le courant de l'été,
la rosette se déforme, émet plusieurs rameaux assez longs qui se
couvrent de fleurs et de fruits. Les feuilles centrales sont alors
détruites (Cf. Jordan Pug., p. 48).

175. E. MOSCHATUM Lin. — Pied des murs, rochers, etc. ① et ②. Jan-
vier-septembre. AC.

176. E. BOTRYS Bert., Gren.-Godr. — Pelouses des côteaux. Mai-Juin. ①.
— C. au côteau de Baudouin à la Courbure, et de là jusqu'à
l'écluse de Livet, en deux endroits assez restreints. R.

OXALIDEÆ DC. Prodr.

OXALIS L. (Gener 582).

177. O. ACETOSELLA Lin. — Bois humides. Avril-mai. ♃. C.

178. O. STRICTA Lin. — Lieux cultivés. Juin-septembre. ♃. — Calcaire
de Saint-Juvat. — Je l'ai reçu aussi des environs de Rennes. —
RR. probablement importée.

179. O. CORNICULATA Lin. — Murs, talus, côteaux. Juin-septembre.
① et ②. C.

Sect. II. — CALICIFLORA.

CELASTRINEÆ R. Brown.

EVONYNUS C. Bauh. et veter.

180. E. vulgaris C. Bauch., Hist. Plant. — Haies, taillis. Mai-juin. AC.
— G. Bauhin avait nommé le genre et l'espèce presque un siècle
avant Linné.

RHAMNEÆ R. Brown.

RHAMNUS C. Bauh., Lin.

181. R. catharticus Lin. — Bois, etc. Mai-juin. — Abondant à Caulnes. R.

182. R. frangula Lin. — Bois, etc. Mai-juin. — C. dans les bois humides. C.

LEGUMINOSÆ.

ULEX Lin.

183. U. europæus Lin. — Landes, etc. Décembre-juin. — C. partout.
— L'écaille du calice ou bractéole varie un peu de grandeur. Je
ne l'ai jamais vue ni linéaire, ni sétacée. Sur le fruit mûr la bractéole se déplace et se trouve située un peu au-dessus du calice.

184. U. nanus Smith. — Mêmes lieux. Juin-octobre. CC. — Les fruits
ne sont mûrs que l'été suivant.

185. U. armoricanus Mihi. — Cette espèce semble bien distincte comme
on va le voir. Abondante dans ses localités, elle couvre les falaises du cap Fréhel. Je l'ai retrouvée à Dahouet, et en Ille-et-
Vilaine au promontoire de Lavarde ; elle est en pleines fleurs le
15 juillet. Ce n'est certes pas l'*U. Gallii* que je n'ai pas rencontré dans nos limites. Voici sa description :

*U. habitu ferè V. nano similis, sed gracilior, pallidior, parum pu-
bescens, interdùm glaber, dumos latos, humiles efformans ; ramis,
foliis, spinisque valde sulcatis. Flos mèdius inter V. nani et V. Europæi
florem, sulfureo colore vivido, alis carenam in vivo fere æquantibus,
in sicco multo excedentibus ; squamæ basi calicis adnatæ (bracteolæ) non
rotundatæ, nec ovales ut in præcedentibus, sed ex ovatâ basi pedicelli
latidūdinem æquante, longe lanceolatæ, duplo quam V. nani, tertia
autem parte quam V. Europæi squamæ, longiores ; apice ferè glabro,
acuminato, incrassato : parum villosæ, luteæ, sulco valido præsertim
siccæ, præditæ, et infra calicem nascentes, ut 7-8 millim. ab eo remotæ
videantur.*

*Ab. V. Europæo differt, statura minore, graciliore, spinis acutiori-
bus, tenuioribus, colore pallido-viridi; ab V. nano et Gallii foliorum
ramorumque exilitate, et a tribus his forma squamarum quæ præterea
non cum calice, sed infra calicem et sæpe in medio pedicello nascuntur.
Floret julio et augusto mensibus. Inter V. nanum et V. Gallii, ut videtur,
inscribendus.*

Il ressemble un peu à l'*U. nanus*; mais ses feuilles et ses épines sont
plus pointues, plus grêles. Son feuillage d'un vert pâle; sa fleur est
d'un jaune-soufre vif, avec le calice plus pâle, pubescent; les ailes dé-
passent un peu la carène à l'état vivant, et beaucoup plus sur le sec;
les bractéoles sont linéaires, accuminées, très-larges et placées presque
sur le milieu du pédicelle. Les fruits que je n'ai pu étudier en temps
convenable ressemblent à ceux de l'*U. nanus*; mais je crois qu'ils sont
mûrs à l'automne ou pendant l'hiver : il fleurit en juillet et août, et
quelquefois à la fin de juin.

M. Le Jolis a essayé une monographie des *Ulex* de Cherbourg; il y
décrit 18 formes qui tendent à faire croire que le genre *Ulex* ne ren-
fermerait qu'une espèce polymorphe. Ce travail est certainement intéressant; mais il est regrettable que l'auteur se soit hâté de publier ses
observations avant de les soumettre au contrôle des expériences; ce qui
lui aurait permis de tirer des conclusions. Je n'ai pu découvrir les nombreuses formes dont M. Le Jolis parle. Ne serait-il pas possible que la
diversité d'opinion qu'on voit chez les botanistes au sujet des *Ulex*, pro-
vînt de la confusion de plusieurs espèces sous le même nom? Cette
hypothèse expliquerait facilement pourquoi les auteurs anglais ne reconnaissent qu'une seule espèce. Il faudrait qu'un botaniste patient et
consciencieux voulut, en Bretagne, consacrer une dizaine d'années à
des essais comparés de culture et à des observations bien suivies, qui
alors seraient concluantes et feraient le jour sur le genre *Ulex*.

L'*Ulex armoricanus* doit être assez répandu en Bretagne : c'est lui
qui est mentionné comme variété dans la Flore du Morbihan de Legall;
M. Lloyd m'a envoyé un fragment d'un *Ulex* cueilli à Vannes en 1849,
et qui me paraît être celui-ci. Enfin il répond, je crois, au n° 5 de
M. Le Jolis.

GENISTA G. Bauh. ex part. Lin.

186. G. anglica L. — Landes humides. Mai-juin. AC.
187. G. tinctoria L. — Bois, etc. Juin-août. — Forêts de Coëtquen,
d'Yvignac, etc. PC.

G. SAROTHAMNUS Koch.

188. S. scoparius L. — Bois, haies, etc. Avril-juillet. C. — Souvent
cultivé.

ANONIS G. Bauh. et Veter. — *Ononis* Lin. — 'Ανωνίς Diosc.

189. A. repens Lin. — Juin-août. — C. à-peu-près partout.
A. *arvensis* Sm. — Lloyd, p. 108. AC.
β. A. *repens* Lin.; Lloyd *ibid.* — AC. Sables maritimes. — Pourquoi
avoir changé le vieux nom d'*Anonis* en celui d'*Ononis?*

MEDICAGO Lin. (Gener 899).

190. M. lupulina Lin. — Lieux secs, prés, etc. Juin-septembre. ②. C.
β. *Wildenowii* Bonng. — Légumes à poils articulés, stipules presque
entières.
191. M. falcata Lin. — Lieux secs. Juin-septembre. ♃. — Mielles de
Saint-Malo et de Dinard. R.
192. M. sativa L. — Mai-juillet. — Cultivé surtout dans la région
maritime.
193 M. minima Lmk. — Lieux secs, etc. Mai-août. — C. surtout sur le
littoral.
194. M. maculata Wild. — Bords des champs, etc. ①. C.
195. M. apiculata Wild. — Moissons, friches, etc. ①. Juin-juillet. —
C. sur le littoral.
196. M. denticulata Wild. — Mêmes lieux. — C. à Saint-Juvat et sur
le littoral.

MELILOTUS Tournef. — *Trifolium* Lin.

197. M. officinalis Lin., Wild. — Lieux frais. Juillet-août. ②. — De
Dol au Vivier; Rotheneuf, près de Saint-Malo; Lanvallay, près
de Dinan. RR.
198. M. arvensis Wall. — Bords des chemins. Juin-juillet. ②. — Route
de Rennes à Dinan, près de Lanvallay, où il tend à disparaître.
— Importé? RR.
199. M. alba Desr. — *Leucantha* Koch. — Sables. Juin-août. ②. —
Berges du chemin de fer à Caulnes. — Cette plante, comme
l'*Ænothera biennis*, suit les voies ferrées et se répandra en Bretagne, où elle n'existait pas en 1862.
200. M. parviflora Desf. — Sables et rochers. Juin-juillet. ①. — Baie
de Port à la Duc; îles Bréhat, d'où je l'ai reçu vivant (1862). RR.

TRIFOLIUM Tournef. (Inst. 228) (1).

201. T. GLOMERATUM L. — Côteaux, pelouses. Mai-juin. — Côteaux de
la région maritime; côteaux des vallées descendant à la mer. C.
— Nul à l'intérieur.

202. T. REPENS Lin. — Prés, etc. Mai-septembre. ②. — CC. partout.
β. *interruptum* Breb. — Lieux secs et pierreux. — C'est une monstruosité.

203. T. SUBTERRANEUM Lin. — Côteaux, pelouses. Mai-juillet. ①. CC.

204. T. ANGUSTIFOLIUM Lin. — Côteaux secs. Juin. ①. — Le littoral à
Saint-Jacut-de-la-Mer; côteaux de Paramé près Saint-Malo, avec
Rom. columnæ. R.

205. T. INCARNATUM Lin. — Mai-juin. ①. — Cultivé partout. C.

206. T. ARVENSE Lin. — Lieux sablonneux ou pierreux. Juin-août. ①.
CC — Ici se placent de nombreuses espèces confondues sous le
nom d'*arvense :* elles n'existent point dans l'arrondissement ou
je n'ai pas su les distinguer.

207. T. PRATENSE Lin — Prés, bord des chemins. Mai-septembre. ♃. CC.
β. *sativum* Reich. — Généralement cultivé ; est peut-être une espèce
séparée.

208. T. MEDIUM Lin. — Bois, pelouses. Juin-juillet. ♃ — Forêt de
Coëtquen à la Chesnaye et au bois de la Rouvraye, où il abonde. R.

209. T. MARITIMUM Huds., *T. irregulare* DC. — Mai-juin. ①. — Prairies; prés de la Rance à Dinan; Ploubalay, Saint-Jacut, Dahouet, etc. AR.

210. T. STRIATUM Lin. — Côteaux arides. Juin-juillet. ①. C.

211. T. SCABRUM Lin. — Côteaux, etc. Juin-juillet. ①. — C. surtout
sur le littoral.

212. T. FRAGIFERUM Lin. — Prés, prairies. Juin-septembre. — Vallées
conduisant à la mer, et bords de leurs ruisseaux ou rivières;
Saint-Juvat à l'intérieur, où il est presque nul.

213. T. CAMPESTRE Schreb., *T. procumbens α. majus* Koch. Vaill.,
T. agrarium S. Will. Poll.— Cultures, bords des chemins, etc.
Mai-septembre. ①. — Capitules ovales, à 30-40 fl.; pédoncule
égal à la feuille ou la dépassant à peine.

---

(1) Le *Trif. strictum* Waldst. a été trouvé par M. Lloyd à la pointe de Lavarde.
Malgré de bons renseignements, je n'ai pas eu le bonheur de mettre la main dessus.

214. T. PSEUDO-PROCUMBENS Gmel., *T. procumbens* Schréb. DC., *T. procumbens*, β. *minus* Koch. — Capitules à 15-20 fl., jaune pâle; pédoncules dépassant la feuille. — Lieux incultes, etc. Mai-septembre. ①. C.

215. T. PROCUMBENS Lin non DC., *T. minus* Sm., *T. filiforme* Schreb , DC., Coss. et Germ. non L. — Capitules lâches à 10-25 fl. jaunes, à la fin brun clair; pédoncules raides dépassant la feuille. — Mêmes lieux. Mai-septembre. ①. — C. souvent très-grêles et très-petit.

216. T. FILIFORME Lin., Smith., Guss.; *T. micranthum* Viv.—Pelouses. Mai-septembre. ① — Côteaux frais des environs de Dinan, du littoral, etc. AC.

217. T. PATENS Schreb., *T. parisiense* DC. — Prairies. Mai-juillet. ①. — Capitules lâches à 10-20 fl. jaune-d'or; folioles insérées au même point. — Abondant dans les prairies à Saint-Juvat, surtout près de Kameroch; vallées aux Moines et du Saint-Esprit près de Dinan; Dahouet. R.

LOTUS C. BAUH. Ex part. LIN.

218. L. CORNICULATUS Lin. — Prés, chemins, côteaux. Mai-septembre. ♃. — CC. partout.

β. *villosus* Breb. — Tiges et feuilles hérissées. — Côteaux secs, le littoral. AC.

γ. *crassifolius* Breb.—Feuilles glauque-bleuâtres, charnues.—Sables maritimes. C.

219. L. TENUIFOLIUS Poll. Reich. — Lieux humides. Juin-septembre. ♃ —Tout le marais de Saint-Jacut, embouchure de l'Arguenon. R.

220. L. ULIGINOSUS Schk., *Major* Scop. Sm. — Lieux frais. Juillet-septembre. ♃. C.

β. *glaber* Breb. — Entièrement glabre, sauf les capitules. — Mêmes lieux. AC.

221. L. ANGUSTISSIMUS Lin. — Lieux secs, arides. Mai-juillet. ①. — Un peu partout. PC.

β. *glaber* Lloyd., Fl. O. — Mêmes lieux. — Tout-à-fait glabre; à tiges luisantes, et feuilles plus étroites et fermes. — Plus rare. — Peut être distingué comme espèce, ses graines ne m'ayant pas donné l'autre forme.

222. L. HISPIDUS Lois. — Côteaux secs. Juin-juillet. ①. — Abondant à Rotheneuf près de Saint-Malo, Dinard, Saint-Briac, St-Jacut. AR.

ANTHYLLIS Lin. non Veter.

223. A. **vulneraria** Lin. — Rochers du littoral. Juin-juillet. ♃. — AC.
de Dahouet à Cancale. — Deux formes.

α. Capitules gros, velus, quelquefois grisâtres; fleurs jaune foncé ou
rougeâtres.

β. Feuillage pâle; tiges plus grêles; poils mous, blancs; fleurs d'un
jaune pâle presque blanc. — C. à Rotheneuf; puis çà et là mêlée
à l'autre. — Les genres *Astragalus* et *Coronilla* sont probablement étrangers à notre contrée. Je n'en ai vu aucune espèce. —
L'*A. glyciphyllos* croît à Rennes.

ORNITHOPUS Lin. (Gener 884).

224. O. **perpusillus** Lin. — Pelouses, lieux arides. Mai-septembre. ⊙.
— CC. presque partout. — J'ai reçu parmi des plantes provenant
des environs de Lamballe et de Saint-Brieuc, un rameau d'*O.
ebracteatus* DC. N'ayant pu savoir la localité précise, ni obtenir
de nouveau la plante, je ne fais que la noter ici, pour avertir
les chercheurs.

ONOBRYCHIS C. Bauh., Lin.

225. O. **sativa** Lin. — Mai-juin. ♃. — Cultivé autrefois à Saint-Briac,
et sur quelques rares points de la côte. De là il s'est répandu
dans les mielles à Saint-Briac et Saint-Jacut.

VICIA C. Bauh., Tournef.

226. V. **cracca** L. — Haies, prairies, etc. Juin-août. CC.

β. Tige peu élevée ordinairement, à peine grimpante, souvent raide,
pubescente blanchâtre; feuilles linéaires, étroites, canescentes,
velues, repliées par leurs bords. — Marais ou prés marécageux,
surtout du littoral. — Je pense que c'est la *Vic. cracca, β argentea* Coss. et Germ., *V. incana* Th.

227. V. **sepium** Lin. — Haies, bois. Mai-juin. ♃. CC.

β. *ochroleuca* Bast. — Fleurs jaunâtres ou blanches. Lehon près de
Dinan. RR.; sur les falaises. — Cette plante revêt une foule de
formes curieuses. La plus singulière croît à Saint-Briac et Saint-
Jacut, dans les pentes un peu fraîches. Elle a 5-13 fleurs en
grappe compacte, panachées de blanc et de rose violacé.

228. V. **lutea** L. — Moissons, etc. Mai-juillet. ⊙. — Saint-Juvat et
tout le littoral. C. — Rare ailleurs.

229. V. Bobartii Forst. Bor. n° 665. — Mai-juillet. ①. — Lieux sablonneux.— Chemins, lieux incultes et côteaux, surtout de la région
maritime.

230. V. uncinata Desv. — Lieux secs. Mai-juillet. ①. — Moissons; çà
et là. — Paraît C..

231. V. segetalis Th., *V. angustifolia*, A. Koch. — Bor. n° 664. —
Moissons dans tous les terrains. Mai-juillet. C. — Ces trois
plantes forment le *Vic. angustifolia* Roth. de presque toutes les
flores. Elles sont souvent difficiles à distinguer entre elles ; et il
faut avoir leurs fruits bien mûrs. On trouvera sans doute deux
autres plantes voisines, les *V. Forsteri* et *torulosa* Jord.

232. V. sativa Lin. — Champs, moissons et cultures. Mai-juillet. ①. —
Cultivée et répandue dans presque toutes les moissons, surtout
sur le littoral. C.
   β. Fleurs blanc-jaunâtre, grandes. — C. autour de Saint-Briac, puis
çà et là.

233. V. lathyroides Lin. —Sables maritimes. Avril-mai. ①. —Dinard-
Saint-Enogath, Saint-Jacut-de-la-mer près du port ; le val André
près de Dahouet ; Paramé près de Saint-Malo. R.

ERVUM Lin. (Genér 874)

234. E. hirsutum. Lin. — Prés, moissons, etc. Mai-juillet. ①. CC.

235. E. tetraspermum Lin. — Prés, haies, etc. Mai-août. ①. C.

PISUM C. Bauh., Tournef., Lin.

236. P. sativum Lin. — Généralement cultivé.

237. P. elatius M. Bieb. non Lloyd., *P. elatum* DC. — Moissons du
littoral. Juin-juillet.— C. dans les blés surtout de Saint-Coulomb
à Saint-Jacut ; à l'intérieur, moissons de Plesder, de Saint-Pierre-
de-Plesguen, etc. C. — Le nôtre n'est ni le *P. Tuffetii* Les., *P.
granulatum* Ll., ni le *Pisum arvense*, plante des terrains secs.

LATHYRUS C. Bauh. ex part. Lin.

238. L. aphaca L. —Moissons Juin-juillet. ①. — Saint-Juvat et littoral.
C. — Moins C. ailleurs.

239. L. nissolia L. — Moissons, bois, etc. Juin-juillet. ①. C.

240. L. pratensis L. — Haies, prés, etc. Juillet-août. ♃. CC.

241. L. silvestris L. — Bois, buissons. Juin-juillet. ♃. — Bois de
Rougé près de Saint-Juvat. R. — Il a été trouvé à Dinan même
il y a plusieurs années par M. Fouré.

OROBUS L. (Gener 874).

242. O. TUBEROSUS Lin.— Bois. Avril-mai. ♃. CC.— Il y a deux formes
également C.

α. Folioles très-larges ovales, au moins de 2 centimètres. AC.

β. Folioles linéaires, allongées, presque aiguës, ayant 80-90 millim.
— Je ne crois pas que ces deux formes soient les *L. Plukenetii*
Lap. et *tenuifolius* Roth. notés dans la Flore du Centre, p. 180,
3e édit.

ROSACEÆ Juss. (Gener 334, et seq.).

A. AMYGDALEÆ Juss.

PRUNUS C. BAUH., LIN.

243. P. SPINOSA Lin. — Haies, bois. Avril-mai. CC. — Fruits en août.

244. P. FRUTICANS Reich. — Haies. — Avril. Forêt en Juillet-août. —
Lehon; Pontperrin. RR.

245. P. DOMESTICA L. — Haies. — Environs de Dinan; puis çà et là,
presque toujours auprès des villages, ce qui le ferait croire tout-
à-fait étranger. — Il y a à Lehon et un peu plus haut dans la
vallée, trois ou quatre pieds de *Prunus insititia* L. Ils ont été
évidemment importés. Le genre *Prunus* est un des plus mal étu-
diés qu'il y ait aujourd'hui en France. Il est presque impossible
avec nos livres de se rendre compte de l'espèce qu'on rencontre.
Il y a dans les haies et jusque sur les côteaux des arbustes qu'il
faudra cependant connaître et classer. J'en dirai autant et encore
avec plus de raison des *Pyrus*. Il serait temps qu'un de nos
maîtres daignât aborder ces genres et nous montrer la route.
Depuis G. Bauhin (1630) il n'y a eu presque rien de fait.

246. P. AVIUM Lin. — Haies, bois. Avril. — Fruits en Juillet. AC.

B. SPIRACEÆ J.

SPIRÆA L. (Gener 630).

247. S. ULMARIA L. — Prés humides, marais. Juin-août. ♃. CC.

β. *S. glauca* Schultz. — Feuilles glauque-blanchâtres en dessous. —
C. à Châteauneuf.

C. DRYADEÆ.

GEUM LIN. (Gener 636).

248. G. URBANUM L — Bois, haies. Mai-juin. ♃. — C. à-peu-près partout.

RUBUS Lin. (Gener 632).

Ce genre semble encore une énigme pour les botanistes. MM. Godron, Boreau, Genevier et bien d'autres ont publié un grand nombre d'espèces. La plupart des flores les réunissent sous le nom de *R. fruticosus* L.; d'autres les fractionnent en plusieurs sections dont les noms sont tirés de ceux des espèces primitivement admises. J'ai ramassé avec soin toutes les formes que j'ai rencontrées, je les ai soumises à des yeux plus exercés que les miens, ayant certainement besoin d'un contrôle au milieu d'espèces si incertaines. Les noms que j'adopte répondent à ceux de la Flore du Centre pour la plupart.

249. R. IDÆUS L. — Mai-juin. — Subspontané dans quelques haies.

250. R. CÆSIUS Lin.— Bois humides. Juin-juillet.— La Garaye ; Lehon. R. à l'intérieur. Plus répandu sur le littoral sans être même AC.

A. *Fruticosi.*

251. R. FRUTICOSUS Lin. Bor. 779. — La Garaye ; forêt de Coëtquen R.

252. R. NITIDUS W. et N. Bor. 776. — Assez répandu. — CC. dans les tourbières de Châteauneuf.

253. R. ROSULEATUS Mull. Arrond. monogr. — C. à Languenan ; çà et là dans les lieux frais.

B. *Virescentes.*

254. R. CALVATUS Blox. Bor. n⁰ 764. — Fin de Mai-juin. — Dinan, Lehon, etc. AC.

255. R. PILETOSTACHYS Godr. et Gren. Fl. fr. — Bois de la Garaye. R.

256. R. PHYLLOSTACHYS Genev. Ess. — Haies des vallées, des bois. Juin-juillet. C.

257. R. HAMOSUS Genev. Ess. — Côteaux de la Rance ; route de Rennes. — Paraît C.

C. *Discolores.*

258. R. DISCOLOR W. et N. Bor. 759.— Haies sur la route de Rennes. R.

259. R. THYRSOIDEUS Wimm. Bor. 773. — Juillet. — La Garaye ; forêt de Coëtquen, etc. AC.

260. R. THUILLIERII Poir. *R. tomentosus* Th. — Haies autour de Dinan où il est AC. Je ne l'ai pas vu ailleurs.

261. R. ARDUENNENSIS Lib. — Juillet-août. — C. à Matignon et à Saint-Jaçut, puis çà et là. AC.

b. *Glandulosi.*

262. R. CARPINIFOLIUS W. et N. Bor. 767. — 5-20 Juin. — C. tout autour de Dinan. — C. à Tinteniac sur la route de Rennes, etc. C.

263. R. UMBRATICUS Mull. Gen. Ess. — Vallée de la Rance, forêt de Coëtquen dans les bois ombragés. PC.

264. GENÉVIERII Bor. 745. — Lieux frais des bois de la Garaye. R. Juillet-août.

265. R. LEJEUNII W. et N., Bor. 748. — Vallées et bois autour de Dinan. PC.

266. R. CHABOISSÆI Gen. 211. Arrond. in litt. — Côteaux ombragés de la vallée de Grillemont ; espèce bien proche du *R. umbrosus.*

267. R. MUTABILIS Genev. — Côteaux du Chêne à Dinan, dans les lieux ombragés ; espèce très-robuste ; paraît AC.

268. R. FUSCO-ATER Weich., Bor. 753. — C. dans les haies du littoral à Matignon, Port-à-la-Duc, Saint-Cast ; plus rare à Dinard, etc. Magnifique et robuste espèce, facile à distinguer.

269. R. RUSTICANUS Wiew. — Vallée de la Rance, à Taden. Juillet. AR.

270. R. CINERASCENS Bor. 758. — Bois tourbeux humides de la Garaye en Juillet avec *R. Genevierii* et *fruticosus.* R.

FRAGARIA C. BAUH., LIN.

271. F. VESCA L. — Bois, etc. Mai-juin. ♃. C.

COMARUM LIN. (Gener 638)

272. C. PALUSTRE Lin. — Marais. Juin-juillet. — Forêt de Coëtquen ; oseraies de Lehon ; Treverien, Le Menez. AR.

POTENTILLA LIN. (Gener 634).

273. P. ANSERINA Lin. — Lieux frais. Mai-septembre. ♃. C.

274. P. ARGENTEA Lin. — Rochers, vieux murs. Mai-juillet. ♃. — C. autour de Dinan et sur le littoral ; manque sur certains points. — Plusieurs espèces sont confondues sous ce nom, je n'ai pu ramasser toutes celles qui croissent dans l'arrondissement ; celle des murs de Dinan et des rochers de la Courbure est la *P. tenuiloba* Jord.

275. P. REPTANS Lin. — Lieux incultes, etc. Juin-septembre. ♃. C.

276. P. VERNA Lin. — Pelouses maritimes. Avril-mai. ♃. — Saint-Briac, près du télégraphe ; Saint-Lunaire ; Paramé, près de Saint-Malo. R.

277. P. FRAGARIASTRUM Ehrh. — Talus, pelouses, etc. Mars-mai ♃. CC.

TORMENTILLA Lin. (Gener 635).

278. T. erecta Lin. — Pelouses, landes, bois. Juin-septembre. ♃. CC.

AGRIMONIA Lin. (Gener 607).

279. A. eupatoria Lin. — Bois, lieux pierreux. Juin-septembre. ♃. — C. sur le littoral. AC.

D. SANGUISORBEÆ.

ALCHEMILLA Tournf., Lin.

280. A. aphanes Lin., *Aph. arvensis* Scop. — Champs, talus, etc. Mai-septembre. ☉. C.

POTERIUM C. Bauh., Lin.

281. P. dictyocarpum Spach. — Murs, rochers, sables. Mai-juillet. ♃. — C. sur le littoral. R. à l'intérieur : Dinan, Saint-Juval, le Chêne-Vert.

282. P. muricatum Spach, — Sables maritimes. Mai-juillet. ♃. — Çà et là sur le littoral.

E. ROSEÆ.

ROSA C. Bauh. et Veter. omn., Lin. — Ροδον Diosc.

283. R. spinosissima Lin., Déségl. monogr. — Sables maritimes Mai-juin. — C. sur le littoral. — Le vrai *R. pimpinellifolia* Lin. doit avoir la fleur rouge. Je ne l'ai point vu.

B. SYSTYLÆ Desegl. Monogr.

284. R. repens Scop., *R. arvensis* auct. Gall. non Lin. — Bois, haies. Mai-juillet. C.

285. R. bibracteata Bast., Bor. 814. — Lieux frais. Juillet-août. — Vallée de Bobital, forêt de Coëtquen et environs ; Rotheneuf et Saint-Malo. PC.

286. R. systyla Bast., Bor. 816. — Haies, bois. Juin-juillet. — Forêt de Coëtquen, bois de l'étang du Rouvre, vallée de Bobital. AR.

287. R. leucochroa Desv., Bor. 817. — Haies. Juin. — Saint-Jacut. R.

C. CANINÆ Desegl. Monogr.

288. R. canina Lin., Bor. 840. — Haies, bois, côteaux. Mai-juin. C.

β. *R. nitens* Desv. — Lieux secs. AC.

γ. *R. glaucescens* Desv. — Haies, rochers. PC. — Quelquefois les feuilles sont petites, raides, coriaces, pliées, très-glauques.

289. R. dumalis Bechst., Bor. 847. — Haies, buissons. Mai-juin. C.

290. R. CORYMBIFERA Borkh., Bor. 849. — Haies fraîches, quelquefois
sur les côteaux. Juin-juillet. — Vallée de la Rance. — Probablement AC.

291. R. DUMETORUM Thuil. — Haies, bois, côteaux. Juin. — Çà et
là. AR.

292. R. URBICA Lem., Bor. 853. — Bois. Mai-juin. — Lehon, Tréverien, etc. AC.

293. R. ANDEGAVENSIS Bast., Bor. 856. — Côteaux, etc. Juin. — AC.
autour de Dinan.

D. RUBIGINOSÆ Desegl. Monogr.

294. R. TOMENTELLA Lem., Bor. 865. — Côteaux du littoral. Juin. R.

295. R. SÆPIUM Thuil, Bor. 870. — Haies, etc. Juin-juillet. AC.

296. R. AGRESTIS Savi., Bor. 871. — Lieux arides. Juin-juillet. — Le
littoral et les côteaux exposés au Midi, tout autour de Dinan. AC.

297. R. NEMOROSA Lib., Bor. 872. — Bois, vallées. Juin. — Jugon,
Dinan à Lehon. R.

298. R. UMBELLATA Leers., Bor. 874. — Haies, etc. Juin-juillet. —
Presque tout le littoral. AC.

299. R..LEMANII Bor., 875. — Côteaux. Juin. — Saint-Jacut et Dahouet. R.

Obs. — Je n'ai pas rencontré le vrai *R. rubiginosa* L. C'est peut-être un
arbrisseau des terrains calcaires. Les trois précédents qui en sont très-proche
le remplacent; encore sont-ils rares à l'intérieur.

E. VILLOSÆ Desegl. Monogr.

300. R. JUNDZILLIANA Bess., Bor. 868. — Haies. Juin-juillet. — AC. à
Saint-Jacut; puis çà et là sur le littoral.

301 R. FŒTIDA Bast., Bor. 878. — Bois frais. Juin-juillet. — Forêt de
Coëtquen près de la Chesnaye et sur le chemin qui y conduit. RR.
— J'ai rapproché ces deux espèces du *R. subglobosa* Sm.; elles
ont tous les caractères des *villosæ*.

302. R. SUBGLOBOSA Smith., Bor. 882. — Bois. Juin-juillet. — Bobital,
Aucaleuc à l'intérieur. — AC. sur le littoral. — Je n'ai pas rencontré la *R. tomentosa* Sm.

303. R. MOLISSIMA Fries., Bor. 884. — Haies. Juin-juillet. — Dinard sur
le chemin de Saint-Lunaire. R.

Obs. — Il doit exister bien d'autres espèces; j'en ai encore quelques-unes,
mais que des échantillons incomplets rendent incertaines.

E. POMACEÆ.

CRATÆGUS Lin. (Gener 623).

304. C. monogyna Jac. — Haies, bois. Mai. CC.

MESPILUS C. Bauh. pin. Lin.

305. M. germanica C. Bauh. pin. — Haies. Mai. AC.

PYRUS C. Bauh., Lin. (*Pyrus* et *Sorbus* Lin.).

306. P. communis Lin. — Haies, bois. Avril-mai. AC.

307. P. malus Lin. — Mêmes lieux. Avril-mai. PC.

308. P. torminalis Lin. — Haies, bois. Juin. — Forêts de Coëtquen, de Boquien; le Guildo, etc. — AC. Fleurit peu.

309. P. aucuparia Lin. — Bois. Juin-juillet. — C. à Boquien ; puis çà et là. AC.

ONAGRARIEÆ Juss. (Ann. Mus. 315).

EPILOBIUM Lin. (Gener 471).

310. E. angustifolium Lin. — Haies. Juin-juillet. ♃. — Saint-Servan, forêts de la Hunaudaie et de Loudéac. — R. spontané?

311. E. hirsutum Lin. — Marais. Juin-juillet. ♃. — Lavarde près Saint-Malo, et toute la région maritime par localités jusqu'à Dahouet. — Nul à l'intérieur.

312. E. parviflorum Schreb. , *E. molle* Lam. — Lieux humides. Mai-juillet. — C. toute la région maritime. — A l'intérieur, Dinan, Saint-Juvat, etc. AC.

β. *Foliis strictis, oblongis, margine incurvis, cauli adpressis, canescentibus. Floribus sat magnis, petalis calycem æquantibus.* — An var. β. *intermedium* Mér.? — Marais maritimes de Dahouet et de Saint-Briac. — Forme curieuse à tige ordinairement simple, raide et qui s'est conservée par la culture.

313. E. montanum Lin. — Lieux ombragés. Juin-septembre. ♃. C.

β. *verticillatum* Cos. et Germ. — Vallée de la Rance. R.

314. E. lanceolatum Seb. et Maur. — Murs, roches, etc. Juillet-septembre. ♃. C.

315. E. tetragonum Lin. — Bords des eaux. Juin-août. ♃. C. — Ici se rattachent plusieurs formes que je n'ai pas su distinguer; celle du ruisseau de la Lindais à Saint-Juvat, avec une tige presque ronde et glabrescente, est peut-être l'*E. Lamyi* Schultz.

Obs. — L'*E. palustre* L. que je n'ai pas rencontré d'une manière certaine se trouvera dans les marais du Menez ou à Boquien ; je crois l'y avoir vu, mais trop jeune (25 mai).

ÆNOTHERA Lin. (Gener 469).

316. Æ. biennis Lin. — Talus sablonneux. Juin-juillet. ①. — Berges et gare du chemin de fer à Caulnes.

ISNARDIA Lin.

317. I. palustris Lin. — Bords des eaux. Juin-septembre. ♃ — Marais des bords de la Rance à Pontperrin ; étangs du Val près Brusvily ; grand étang de Jugon. AR.

CIRCÆA Lin. (Syst. 27).

318. C. lutetiana Lin. — Bois frais. — Juin-juillet. ♃. C.

TRAPA Lin. (Gener 457).

319. T. natans Lin. — Étangs. Juin-juillet. ①. — Étang de Taden près Dinan. R.

HALORAGEÆ R. Brown. (Rem. 17).

MYRIOPHYLLUM Vaill. (Act. Ac.).

320. M. spicatum L. — Eaux tranquilles. — Juin-août. ♃. C.

321. M. alterniflorum DC. — Mêmes lieux. Juin-juillet. ♃. C. — Les feuilles de la tige sont caduques dans cette espèce ; aussi n'en trouve-t-on qu'à la partie supérieure de la plante à l'époque de la floraison.

322. M. verticillatum Lin. — Étangs, etc. Juin-juillet. ♃. AC.
β. *pectinatum* DC. — Saint-Juvat. R.

HIPPURIS Lin. (Gener 44).

323. H. vulgaris Lin. — Marais. Juin-septembre. ♃. — De Dol au Vivier. Tourbières de Châteauneuf, surtout à Saint-Guinoux. R.

CALLITRICHE Lin. (Gener 13)

324. C. stagnalis Scop. — Ruisseaux, mares, étangs, ainsi que les suivantes. Pendant tout l'été. CC.

325. C. obtusangula Legall., Lloyd, Fl. O., p. 166. — Eaux saumâtres des bords de la Rance à la Courbure. R.

326. C. vernalis Kutz. — C. surtout dans les fontaines.
β. *pedunculata* (non *C. pedunculata* DC.) — Bords desséchés de l'étang du Rouvre en Pleugueneuc. R.

327. C. hamulata Kutz. — Ruisseaux des prés à Châteauneuf. R.

β. *autumnalis* Auct. Gall., non Lin. — C. dans les ruisseaux. C.

CERATOPHYLLEÆ Gray. (Arr. 11. 354).

CERATOPHYLLUM Lin. (Gener 1065).

328. C demersum Lin. — Marais, rivières, etc. Juin-septembre. ♃. AC.
— Rare en fruits.

LYTHRARIEÆ Juss. (Dict. sc. nat. 453)

LYTHRUM Lin. (Gener 604).

329. L. salicaria Lin. — Bords des eaux. Juillet-septembre. ♃. CC.

330. L. hyssopifolia L. — Lieux humides. Juin-septembre. ①. —
Saint-Briac, chemins des landes de Fréhel, et probablement tout
le littoral. AR.

PEPLIS Lin. (Gener 646).

331. P. portula Lin. — Lieux humides, fangeux. Juin-septembre. CC.

TAMARISCINEÆ Desv. (Journ.).

TAMARIX Lin.

332. T. anglica Webb. — Sables maritimes. Mai-septembre. — Tout le
littoral. — Selon M. Gay (Ann. Soc. Bot. de Fr.), le *T. anglica*
Webb. n'est qu'une forme du *T. gallica* L. — L'arbrisseau C. sur
notre côte ne semble point y être indigène. Il fructifie rarement.

CUCURBITACEÆ Juss. (Gener 393).

BRYONIA Lin. (Gener 1098).

333. B. dioica Jacq. — Haies. Mai-août. ♃. C.

ECBALLIUM Rich.

334. E. elaterium L. — Sables maritimes ou décombres. — A apparu
en 1863 dans les jardins de l'Échapt et au pont à Dinan. — N'est
pas ingène et doit disparaître.

PORTULACEÆ Juss. (Gener 312).

PORTULACA Lin. (Gener 603).

335. P. oleracea Lin. — Terres sablonneuses. Juin-septembre. ①. —
Dans quelques jardins autour de Dinan, et jamais dans les
champs. — R. indigène ?

MONTIA Lin. (Gener 101).

336. M. minor Gmel., *M. fohtana* L. — Pelouses des côteaux. Avril-juillet. AC.

337. M. rivularis Gmel. — Ruisseaux, etc. Avril-septembre. CC.

PARONYCHIEÆ Saint-Hil. (Mém.).

CORRIGIOLA Lin. (Gener 378).

338. C. littoralis L. — Lieux sablonneux humides. Juin-juillet. ①. — Rapporté de Loudéac par M. H. de Ferron. RR.

HERNIARIA Lin. (Gener 308).

339. H. glabra Lin. — Sables, etc. Mai-août. ①. — AC. le littoral.

340. H. hirsuta L. — Mêmes lieux et station. AC. — On les trouve quelquefois dans l'intérieur le long des rivières.

ILLECEBRUM Lin. (Gener 290).

341. I. verticillatum Lin. — Lieux humides. Juin-septembre. ①. — AC. les landes, etc.

POLYCARPON Lin.

342. P. tetraphyllum Lin. — Pelouses, moissons. Mai-octobre. ①. — C. tout le littoral. — R. à l'intérieur; la Courbure à Dinan, Lauvalay.

SCLERANTHUS Lin. (Gener 562).

343. S. annuus Lin. — Côteaux secs, talus. Mai-septembre. ①. — CC.

CRASSULACEÆ DC. (Bull. Soc. Phil. 1801).

TILLÆA Lin (Gener 177).

344. T. muscosa Lin. — Lieux sablonneux, graviers. Mai-juin. ①. — Vallée de la Rance, sur les côteaux à Taden; dans les chemins et les carrières à Lehon; allées des jardins de l'Échapt. R.

SEDUM C. Bauh., Lin.

345. S. fabaria Koch. — Haies, bois, etc. Juillet-août. ♃. C.

346. S. album Lin. — Côteaux, rochers, murs. Juin-août. ♃. CC.

347. S. micranthum Bast. — Rochers, graviers. Juin-juillet. ♃. — Tout le littoral sur les rochers abrités du vent de mer; fort Lalatte près du cap Fréhel; Dahouet; Saint-Malo. — On trouve des passages entre cette plante et la précédente; cependant la culture n'a pas modifié les caractères du *Sedum* du fort Lalatte.

348. S. ANGLICUM Lin. — Rochers, toits, etc. Juin-juillet. ♃. CC.

349. S. RUBENS Lin. — Talus, sables. Juin-juillet. ①. AC. — C. par localités.

350. S. ACRE Lin. — Murs, rochers, etc. Juin-juillet. ♃. CC.

351. S. REFLEXUM Lin. — Murs, rochers, côteaux. Juillet. ♃. CC.

352. S. RUPESTRE Lin. — Rochers et pierrailles du littoral. Juillet. ♃. — Çà et là. AC.

SEMPERVIVUM Lin. (Gener 642).

353. S. TECTORUM Lin. — Toits, vieux murs. Juillet. ♃. — Pleurtuit, Ploubalay, Châteauneuf, Saint-Guinoux. — AC. dans la région maritime. — Plus R. à l'intérieur; Plenée-Jugon, etc. PC.

UMBILICUS C. BAUH., ex part. DC.

354. U. PENDULINUS DC. — Murs, rochers, talus. Mai-juillet. ♃. CC.

GROSSULARIEÆ DC. Fl. Fr.

RIBES C. BAUH. ex part LIN.

355. R. RUBRUM Lin. — Haies. Avril. — Lehon, forêt de Coëtquen. R.

356. R. UVA-CRISPA Lin. — Introduit dans toutes les haies. Mai.

SAXIFRAGEÆ Juss. (Gener 308).

SAXIFRAGA Lin. (Gener 559).

357. S. TRIDACTYLITES Lin. — Murs, sables. Avril-mai. ①. CC.

CHRYSOSPLENIUM Lin. (Gener 558).

358. C. OPPOSITIFOLIUM Lin. — Bords des eaux, etc. Mai. ♃. CC.

OMBELLIFERÆ C. BAUH. pin. sect. 4. — Juss.

HYDROCOTYLE Lin. (Gener 325).

359. H. VULGARIS Lin. — Marais, landes humides. Juin-septembre. ♃. CC.

ERYNGIUM C. BAUH. pin. LIN.

360. E. CAMPESTRE Lin. — Terres sablonneuses. Juillet-septembre. ♃. — C. le littoral. — Manque à l'intérieur ou RR. Trévérien et Saint-Juvat.

361. E. MARITIMUM C. Bauh, et Vet. Lin. — Sables maritimes. Juin-septembre. ♃. C.

SANICULA Lin. (Gener 326).

362. S EUROPÆA Lin. Bois frais. Mai-juin. ♃. — AC. dans les vallées. AC.

BUPLEVRUM C. Bauh., Lin. — βούπλευρον : Hipp.

363. B. aristatum Bart., *B. odontites* DC. — Pelouses maritimes. Mai-Juillet. ①. — De Saint-Malo à Dahouet. AC.

364. B. tenuissimum Lin. — Bords des chemins. Juillet-septembre. ①. — Chemins des Salines de Saint-Sulliac ; jetée de Saint-Jacut. AR.

SCANDIX C. Bauh., Lin.

365. S. pecten-veneris Lin. — Moissons. Juin-août. ①. CC.

CHÆROPHYLLUM C. Bauh., Lin.

366. C. temulum Lin. — Haies, bois. Juin-août. ②. CC.

ANTHRISCUS Hoffm. — *Chærophyllum* L.

367. A. silvestris Lin. — Mai-juillet. ♃. — AC. le littoral. — R. à l'intérieur ; Saint-Juvat. PC.

368. A. cerefolium Lin. — Haies près des fermes. Mai-juillet. — C. naturalisé.

369. A. vulgaris Pers. — Pieds des murs, etc. Mai-juillet. ①. AC. — C. le littoral.

TORILIS Gært. — *Tordylium* Lin.

370. T. anthriscus Lin. — Haies. Juin-août. ②. C.

371. T. helvetica Gmel., *Cauc. arvensis* Huds. Moissons, friches. Juillet-août. ①. CC.

372. T. nodosa Lin., Gært. — Près des murs, sables. Juillet-août. ①. — C. le littoral et la vallée de la Rance. — Manque dans le granit.
β. *nana* Breb. — Sables maritimes.

DAUCUS C. Bauh. et Veter., Lin.

373. D. carota Lin. — Partout. Juin-octobre. ②. — Plante polymorphe.

374. D. gummifer. Lam., *D. maritimus* With., *D. hispidus* Leg. — Rochers, sables du littoral. Juin-août. C. — Je n'ai pu distinguer de cette plante, le *D. maritimus* Lam. La forme des sables de Saint-Lunaire, à fleurs roses, n'est qu'une variété du *D. gummifer* : la plante cultivée n'offre plus de différence. Si le *D. maritimus* Lam. est distinct, je ne l'ai pas rencontré.

APIUM Lin. (Gener 367).

375. A. graveolens Lin. — Bords des eaux saumâtres. Juin-septembre. ②. — C. dans toutes les vallées qui aboutissent à la mer ; marais du littoral. C.

PETROSELINUM Hoffm. (Umbel.).

376. P. segetum Lin. — Lieux pierreux. Juillet-août. ①. — Bords et
parapets de la Rance de Taden à l'écluse; Saint-Ideuc près
Saint-Malo. R.

377. P. sativum Hoffm. — Murs, rochers. Juin-août. ②. — Naturalisé
dans presque tous les vieux murs et même les rochers. AC.

CONIUM Lin. (Gener 336).

378. C. maculatum Lin. — Décombres, haies. Juin-juillet. ②. — C.
surtout sur le littoral.

SMYRNIUM Lin.

379. S. olusatrum Lin. — Décombres du littoral. Juin-juillet. ②. —
Je l'ai reçu du cap Fréhel, où je n'ai pu le retrouver. — La
Flore de l'Ouest l'indique à Batz, assez près de nos limites. RR.

HELOSCIADIUM Koch. (Umb. 425).

380. H. nodiflorum Lin. — Lieux marécageux. Juin-septembre. ♃. —
CC. plante polymorphe.

β. *ochreatum* DC. — Sources du littoral. — Même époque. AC.

381. H. inundatum Lin. — Mares, marais. Juin-Juillet. ♃. C.

β. *H. torrentium* — Ruisseaux, surtout du granit; jamais dans les
eaux stagnantes. AC. — *An species propria?*

*Caulis fistulosus, radicans, submersus; foliis numerosis, longis,
pinnatifidis foliolis 3-6 oppositis, basi cuneatis, submersis in 4-5 lobos
elongatos fissis, aeriis 3-4 dentatis. Umbella parva 1-2 radiis, pedicello
umbellularum pedicellum æquante vel eo minore; umbellula 3-4 flora
involucelli foliis inæqualibus, latis involuta; cætera ut in H. inundato L.,
in rivis rapidis graniticis tantum provenit.*

SISON Lin.

382. S. amonum Lin. — Haies. Juillet-septembre. ②. — C. par localités. — Plus C. sur le littoral.

AMMI C. Bauh. pin., Lin.

383. A. majus C. Bauh., L. — Champs cultivés. Juillet-août. ①. —
C. à Dinan, par années.

Obs. — Je n'ai pas rencontré le *Æg. podagraria* L. Cependant, il existe
tout près de nous. M. Goupillère me l'a rapporté vivant de Villedieu (Manche).

CARUM Koch. (Umbell.).

384. C. VERTICILLATUM Lin. *sub Siso.* — Lieux marécageux. Juin-juillet. ♃. C.

CONOPODIUM Koch. (Umbell.).

385. C. DENUDATUM DC. *sub Bun.* — Champs, haies. Mai-juillet. ♃. CC. — C'est la racine de cette plante que les enfants mangent et appellent *genotte* ou *janotte.*

PIMPINELLA Bauh., Lin.

386. P. MAGNA Lin. Haies, bois. Juin-septembre. ♃. C.

OENANTHE C. Bauh. et Vet., Lin.

387. Œ. CROCATA Lin. — Bords des eaux, etc. Mai-septembre. ♃. C.

388. Œ. PHELLANDRIUM Lin. — Marais. Juillet-septembre. ♃. AC. — C. de Saint-Juvat à Trévérien.

389. Œ. LACHENALII Gmel., *Œ. rhenana* DC.—Marais. Août-septembre. ♃. — C. dans tous les marais du littoral. — Nul à l'intérieur.

390. Œ. PEUCEDANIFOLIA Poll. — Prés humides. Avril-juin. ♃. — C. les prés humides de tous les cours d'eau qui vont à la mer ; nulle ailleurs. Remonte la vallée de la Rance jusqu'à Evran. AC.

391. Œ. FISTULOSA Lin. — Marais. Juin-août. ♃. C.

ÆTHUSA Lin. (Gener. 355).

392. Æ. CYNAPIUM Lin, — Cultures. Juillet-septembre. ①. CC.

FÆNICULUM Adans. (Fam. II. 101).

393. F. OFFICINALE All. — Côteaux secs. Juin-septembre. ②. — Dinan et tout le littoral. C.

SESELI C. Bauh. et Vet., Lin.

394. S. COLORATUM Ehrh. *S. annuum* Lin. — Sables maritimes. Juillet-septembre. ♃. — Mielles de Paramé, près Saint-Malo. — Nous n'avons que la var. β. *minus* Wallr. Est-ce la même espèce que la plante des terrains calcaires, à tige haute 2-4 décim. et rameuse au sommet ?

SILAUS Bess. (*in* Schultes).

395. S. PRATENSIS Bess. — Prés. Mai-juin. ♃. — Prairies de Saint-Malo, de Saint-Lunaire, et de Collinée dans le Menez. Plante peu répandue. R.

CRITHMUM C. Bauh. et Veter. omn., Lin.

396. C. maritimum Lin. — Rochers maritimes. Juillet-septembre. ♃ . C.

ANGELICA Lin. (Gener. 347).

397. A. silvestris Lin. — Haies fraîches, bois. Juillet-septembre. ♃ . C.

SELINUM Lin. (Gener. 337).

398. S. carvifolium Lin. — Bois humides. Août-septembre. ♃ . — Vallée de Bobital; forêt de Coëtquen à la Rouvraye; bois de la Garaye. R.

PEUCEDANUM Lin. (Gener. 339).

399. P. parisiense DC. *P. gallicum* Pers. — Bois frais. Août-septembre. ♃ . — Sources de la Rance; prairies de Collinée dans le Menez. — RR.

400. P. palustre Lin. *sub Selin.* — Marais. Août-septembre. ♃ . — Marais de la baie de Port-à-la-Duc; forêt de la Hunandaie; Loudéac. RR.

PASTINACA Tournef.

401. P. silvestris Mil. — Haies. Juillet-août. ②. — Saint-Malo et çà et là sur le littoral. AR.

402. P. sativa Mil, — Dans les cultures où il est à peine spontané.

HERACLEUM Lin. (Gener. 345).

403. H. occidentale. Bor. 1094. — Prairies. Mai-septembre. ♃ . — Grandes prairies des vallées; haies du littoral. — PC. fruit obovale, assez long.

404. H. pratense Jord. pug. — Prés. Mai-septembre. ♃ . — Dinan; Saint-Malo; Châteauneuf, etc. C. — Fruit suborbiculaire.

405, H. æstivum Jord. Bor. 1096. — Bois, etc. Juillet-septembre. ♃ . Bords des bois; côteaux humides exposés au midi, tout autour de Dinan; mais plus R.

TORDYLIUM Tournef. (Inst. 170).

406. T. maximum Lin. — Lieux pierreux, etc. Juillet-août. ①. — Dahouet; Saint-Alban; Dinan, chemin du Saint-Esprit.

ARALIACEÆ Juss. (Dict. 348).

HEDERA C. Bauh. et Veter, Lin.

407. H. helix Lin. — Murs, corps d'arbre. Septembre-octobre. — CC. deux formes :

α. Fleurs en corymbes rameux. C.

β. *capitata*. — Fleurs en tête compacte, sphérique. AC.

CORNUS Lin. et Veter.

408. C. SANGUINEA Lin. — Haies, bois. Juin. C.

LORANTHACEÆ Juss. et Rich.

VISCUM C. Bauh. et Vet.

409. V. ALBUM Lin. — Parasite sur le peuplier, le pommier, le poirier, le pin, le châtaignier. Février-mars. C.

CAPRIFOLIACEÆ A. Rich.

SAMBUCUS C. Bauh. et Vet.

410. S. EBULUS Lin. — Haies, bords des chemins. Juillet-août. PC.

411. S. NIGRA Lin. — Haies, bois. Juin. C.

VIBURNUM Lin. (Gener. 370).

412. V. OPULUS Lin. — Haies, bois. Mai-juin. PC.

LONICERA Lin. (Gener. 133).

413. L. PERICLYMENUM Lin. — Haies, bois. Juin-août. C. — Cette espèce est décrite dans G. Bauhin, et nommée *Periclymenum Germanicum*.

RUBIACEÆ Juss. (Gener. 196).

RUBIA C. Bauh., Tournef.

414. R. PEREGRINA Lin. — Buissons, taillis. Juin-juillet. C. — Vallée de la Rance AC.

GALIUM C. Bauh., Lin.

415. G. CRUCIATUM Lin. *sub Vaillantia*. — Champs, friches. Avril-juin. ♃. C.

416. G. LUTEUM C. Bauh. pin. *G. verum* Lin. — Sables. Juin-juillet. ♃. — C. sables maritimes. — R. à l'intérieur ou nul; Dinan, Saint-Juvat. — Je n'ai pas rencontré le *G. arenarium* DC. Com. sur la côte du Sud.

417. G. NEGLECTUM Le Gall. — Sables. Juin-juillet. ♃. — Sables maritimes. AC.

418. G. MOLLUGO Lin.? Lloyd, Fl. O. p. 214. — Haies, etc. Juin-juillet. ♃. CC

419. G. uliginosum Lin. — Lieux marécageux. Mai-juillet. ♃. — Plou-
guenouel, près de Lamballe (H. de Ferron). — Marais de Languenan. R.

420. G. palustre C. Bauh.! Lin. — Marais, etc. Juin-juillet. ♃. CC.
β. Tige grêle, rude, feuilles linéaires très-rudes. — Forêt de Coëtquen, etc. AR.

421. G. elongatum Presl., Bor. 1163. — Mêmes lieux. Juin-août. ♃.
— Port-à-la-Duc, forêt de Coëtquen; bois de la Garaye; Trévérien. AR.

422. G. constrictum Chaub. *G. debile* Desv. — Marécages. Juillet-août.
♃. — Landes marécageuses. AC.

423. G. saxatile Lin. — Landes, côteaux. Juin-août. ♃. — C. dans
le granit.

424. G. anglicum Huds. — Lieux pierreux. Juin-juillet — Hédé et Tin-
téniac en Ille-et-Vilaine; côteaux de la Courbure à Dinan. RR.

425. G. aparine Lin., *Aparine vulgare* C. Bauh. et Veter. — Juin-août.
— C. partout.

ASPERULA Lin. (Gener. 121).

426. A. cynanchica Lin. — Sables. Juin-septembre. ♃. — Saint-Malo;
Saint-Jacut; Dahouet. RR.

SHERARDIA Lin. (Gener. 120).

427. S. arvensis Lin. — Pelouses des côteaux, etc. Mai-septembre. ①. C.

VALERIANEÆ DC. Fl. Fr.

VALERIANA C. Bauh., Lin.

428. V. officinalis Lin. — Haies fraîches, bois. Juin-juillet. ♃. C.

429. V. rubra Lin., var. *A. Centranthus* DC. — Vieux murs. Juillet-
septembre. ♃. AC.
β. *flore albo.* — Murs de Dinan. R.

VALERIANELLA. Tournef. (Inst., t. 52).

430. V. olitoria Mœnch. — Murs, lieux cultivés. Mai-août. ①. C.

431. V. carinata Lois. — Mêmes lieux. Mai-septembre. ①. CC.

432. V. eriocarpa Desv. — Sables. Mai-juin. ①. — Sables de Dahouet
à Morieux. R.
β. *fructu glaberrimo* — Avec la *F. a.*

433. V. Morisonii DC. — Champs, moissons. Mai-juillet. ①. — C.
surtout sur le littoral. AC.

β. *fructu glabro.* — Mêmes lieux. AC.

434. V. AURICULA DC. — Moissons. Mai-juillet. — Saint-Juvat, Saint-Jacut. R.

DIPSACEÆ DC. Fl. Fr.

DIPSACUS C. BAUH. et VCL., LIN.

435. D. SILVESTRIS Lin. — Haies , champs humides. Juillet-août. ②. C.

SCABIOSA LIN. (Gener. 445).

436. S. ARVENSIS Lin. — Champs , moissons. Juin-septembre. ♃. AC. — Plus C. rég. marit.

β. *pinnatisecta* Coss. et G. — Toutes les feuilles pinnatifides. — Dinan , etc. AR.

γ. *integrifolia* Auct. plur., *indivisa* Bor. 1202? — Toutes les feuilles entières ; plante très-velue. — Falaises du littoral. AC.—Cultivée, elle reprend des feuilles pinnatifides.

437. S. SUCCISA Lin. — Prés , bois. Août-octobre. ♃. CC.

438. S. COLUMBARIA Lin. — Côteaux secs. Juillet-septembre. ♃. — Isthme de Lavarde près de Saint-Malo ; Saint-Ideuc , au-dessous du village. R.

COMPOSITEÆ ADANS. (Fam. 11, 108).

A. CORYMBIFERÆ.

EUPATORIUM C. BAUH., TOURN., LIN.

439. E. CANNABINUM C. Bauh., Lin.— Lieux frais. Août-septembre. ♃. C.

β. *floribus albis aut luteo-albidis.* — Falaises de Saint-Lunaire. R.

TUSSILAGO C. BAUH., LIN.

440. T. FARFARA Lin. — Champs argileux. Février-mars. ♃. — La Courbure et vallée de la Rance ; tout le littoral au pied des falaises, Saint-Juvat. PC.

441. T. FRAGRANS L. Reich. Janvier-mars. ♃. — Fossés de la ville de Dinan où il se reproduit et se propage ; Saint-Juvat au Quiou. R.

PETASITES C. BAUH., TOURNEF.

442. P. VULGARIS C. Bauh., Desf. — Lieux frais. Mars-avril. ♃. — Bords de la Rance depuis le viaduc jusqu'à Dinan , et de Taden à l'écluse ; vallée de la fontaine des eaux. AR. — Notre plante doit être le *P. riparia* Jord. Bor. n° 121.

ASTER Lin. — *Aster atticus* C. Bauh. et Vet.

443. A. tripolium Lin. — Vasés et marécages maritimes C.— Remonte jusqu'à Dinan. — Ainsi appelé, dit C. Bauhin, *quia ter canum*, parce qu'il change trois fois de couleur.

BELLIS Lin. (Gener. 96?).

444. B. perennis Lin. — Pelouses, champs. Février-octobre. ♃. CC.

ERIGERON Lin. (Gener. 651).

445. E. canadensis Lin. — Lieux sablonneux. Juillet-août. ①. — Vallée de Bobital. Saint-Malo. — Cette plante commence à peine à se répandre.

446. E. acris Lin. — Lieux sablonneux, murs. Juin-septembre. ②. — Le littoral; sables et murs, pelouses de Saint-Juval. AC.
β. Feuilles linéaires, les radicales en rosette, spatulées. Tiges courtes; capitules solitaires, assez gros, à aigrettes longues, très-rousses. — Sables maritimes.

SOLIDAGO Lin. (Gener. 955).

447. S. virgaurea Lin. — — Bois, etc. Juin-septembre. ♃. C.
β. *compacta*. — Grappe ovale, ramassée, très-fournie; fleurs très-grandes; feuilles épaisses, luisantes, courtes; tige robuste de 1-2 déc. — Falaises humides de Saint-Jacut, Lunaire. AR.

INULA Lin. (Gener. 956).

448. I. helenium Lin. — Prés humidee. Juin-septembre. ♃. — Prairies de la Rance à Saint-André-des-Eaux; au moulin de Kameroch. R.

449. I. conyza DC. — Haies, côteaux. Juillet-août. ①. C.

450. I. crithmoides Lin. — Rochers maritimes. Juillet-septembre. ♃. — Lavarde prés de Saint-Malo, Saint-Lunaire, Saint-Briac, cap Fréhel, Dahouet. R.

451. I. graveolens Lin. — Sables. Août-octobre. ①. — Sables maritimes de Saint-Lunaire. R.

452. I. dysenterica Lin. — Lieux humides. Juillet-août. ♃. CC.

453. I. pulicaria Lin. — Lieux mouillés l'hiver. Juillet-septembre. ①. — Vallée de la Rance, Saint-Malo, Saint-Juval. R. — Plante des terrains calcaires.

BIDENS Lin. (Gener. 632).

454. B. tripartita Lin. — Marécages. Juillet-septembre. ①. — AC. partout.

455. B. CERNUA Lin. — Marais. Juillet-septembre. ②. — Pontperrin,
forêt de Coëtquen. R.

FILAGO TOURNEF. (Inst. 259).

456. F. GERMANICA Lin., *canescens* Jord. — Champs, etc. Juin-septembre. ①. CC. — Les repousses de cette espèce sont tout-à-fait
blanches, et fleurissent en septembre-octobre dans les années
où l'hiver est doux.

457. F. LUTESCENS Jord., fr. 3. — Talus, etc. Juin-juillet. ①. — Dinan
dans les carrières. AR.

458. F. SPATHULATA Presl., Jord.; *F. Jussiæi* Coss. — Sables. Juin-
octobre. — Sables maritimes de Saint-Malo et de Saint-
Lunaire. AR.

459. F. MONTANA Lin. — Côteaux. Juillet-août. ①. CC.

460. F. GALLICA Lin. — Champs cultivés. Juin-août. ①. C.

GNAPHALIUM LIN. (Gener. 946).

461. G. SILVATICUM Lin. — Landes, bois. Juin-octobre ♃. — Communes de Saint-Carné et de Léhon; bois de la Garaye, Jugon, Plenée-
Jugon. PC.

462. G. ULIGINOSUM Lin. — Lieux inondés l'hiver, etc. Juin-octobre.
①. CC.

463. G. LUTEO-ALBUM Lin. — Lieux humides. Juillet-août. ①. —Carrière
du Hinglé et de Vildé près Dinan; Lavarde près Saint-Malo. AR.

Obs. — L'*Helichrysum stæchas* m'a été indiqué à l'île des Ebiens et près de
Saint-Brieuc. Je n'ai pu le trouver et je n'ai pas vu d'échantillons.

ARTEMISIA LIN. (Gener. 945).

464. A. VULGARIS Lin. — Haies, taillis. Juillet-septembre. ♃. CC.

465. A. GALLICA Wild. — Côteaux, rochers. Septembre-octobre. ♃. —
Rochers des falaises à Dahouet; Erquy et au cap Fréhel; rochers
de l'écluse de Livet près Dinan. R. — Espèce bien distincte par
les fleurs dressées; les anthodes plus gros que dans l'*A. maritima* Willd.; sa couleur plus verte; ses feuilles crépues et plus
courtes : la culture ne la modifie nullement.

466. A. ABSINTHIUM Lin. — Lieux pierreux. Juillet-septembre. ♃. —
Brusvily, près des hameaux sur le littoral, où il semble échappé
des jardins. R.

TANACETUM Lin. (Gener. 945).

467. T. VULGARE Lin. — Bords des chemins. Juin-octobre. ♃. — Abondant à Lauvallay où il est presque détruit par une carrière. — Plélan. — Spontané? RR.

ACHILLÆA Lin. (Gener. 971).

468. A. PTARMICA L. — Prés humides. Juin-août. ♃. AC.

469. A. MILLEFOLIUM L. — Bords des chemins, prés. Juillet-septembre. ♃. CC.

β. *floribus roseis.* — Lieux secs. AC.

ANTHEMIS Lin. (Gener. 970).

470. A. NOBILIS Lin. — Chemins, pelouses. Juin-septembre. ♃. C.

471. A. COTULA Lin. — Moissons, etc. Juin-août. ①. CC.

MATRICARIA Lin. (Gener. 967).

472. M. CHAMOMILLA Lin. — Moissons. Juin-juillet. ②. — Lancieux et toute la côte jusqu'à Saint-Briac, Saint-Lunaire. R.

CHRYSANTHEMUM Lin.

473. C. INODORUM Lin. — Moissons, friches. Juillet-octobre. ①. CC.

474. C. MARITIMUM L. Smith. — Sables, rochers. Juillet-septembre. ①. — AC. le littoral. — Je ne l'ai semé qu'une année, et n'ai obtenu qu'une plante à tiges nombreuses, couchées en cercle; les feuilles s'étaient un peu allongées, et la plupart des tiges étaient devenues vertes. M. Lloyd, Fl. O., p. 243, en fait une simple forme de la précédente.

475. C. PARTHENIUM Lin. *sub Matr.* — Rochers, etc. Juin-juillet. ♃. — C. à Dinan, puis çà et là.

476. C. LEUCANTHEMUM Lin. — Prés, côteaux, etc. Juin-septembre. ♃ CC.

477. C. SEGETUM Lin. — Champs, moissons. Juin-août. ①. — C. surtout sur le littoral.

DORONICUM Lin. (Gener. 959).

478. D. PLANTAGINEUM Lin. — Bois. Avril-mai. ♃. — C. tous les côteaux de la vallée de la Rance. Plancouët. R.

CINERARIA Lin.

479. C. SPATHULÆFOLIA Gmel. — Bois marécageux. Mai-juin. ♃. — Forêt de Coëtquen sur la route et au bois de la Rouvraye; bois de Coron (H. de Ferron). R.

SENECIO C. Bauh., Lin.

480. S. vulgaris Lin. — Partout. ①. CC.

481. S. silvaticus Lin. — Côteaux, etc. Juin-septembre. ②. AC. — C. côteaux de la Rance.

482. S. jacobæa Lin. — Talus, champs, etc. Juillet-septembre. ♃. CC.

483. S. nemorosus Jord. — Prairies. Juin-juillet. ②. AC. — Saint-Juvat, Dinan, etc. AC. — Cette plante est bisannuelle. — Le *S. jacobæa* vit plusieurs années.

484. S. aquaticus Lin. — Marais. Juin-août. ②. — Saint-Juvat à Saint-André. R.

485. S. erraticus Bert. — Prés humides, etc. Juillet-septembre. ②. — Vallée de la Rance; Saint-Juvat et environs, etc. AC.

CALENDULA Lin. (Gener. 990).

486. C. arvensis L. — Champs cultivés, côteaux. Juin-octobre. ①. — Dahouet. RR.

B. CYNAROCEPHALEÆ.

CIRSIUM C. Bauch., Tournef.

487. C. lanceolatum Lin. *sub Card.* — Chemins, friches. Juin-septembre. ②. C.

488. C. palustre Lin. id. — Lieux humides. Juin-août. ②. C.

489. C. acaule Lin. id. — Pelouses. Juin-septembre. ♃. — Côteaux maritimes de Saint-Coulomb à Dahouet par localités. R.

β. Tige de 10-20 cent., à 1-3 fleurs. — Mêmes lieux. RR.

490. C. anglicum Lob. — Prés humides, marais. Mai-juillet. ♃. C.

β. Tige portant 1-4 fleurs.

491. C. arvense Lin. *sub Serrat.* — Champs, etc. Juin-septembre. ♃. C. — Plus C. le littoral.

CARDUUS C. Bauh., Lin.

492. C. tenuiflorus Curt. — Bord des chemins, etc. Juin-juillet. ②. C.

493. C. nutans. L. — décombres, friches. Juin-septembre. ②. CC.

SILYBUM Gærtn.

494. S. marianum Lin. *sub Card.* — Haies. Juin-juillet. ②. — AC. vallée de la Rance et contrée maritime. — R. ailleurs.

ONOPORDUM Lin. (Gener. 927).

495. O. acanthium Lin. — Lieux pierreux. Juillet-septembre. ②. — C. région maritime. — R. à l'intérieur; Dinan, Saint-Juvat, Trévérien.

LAPPA C. Bauh., Tournef. — *Arctium* L.

496. L. minor DC. — Chemins, décombres. Juin-septembre. ②. C.

497. L. major Gært. — Lieux frais. Juillet-août. ②. — Pleudihen, le Gareau sur la Rance. R.

CARLINA Tournef. (Inst. 228).

498. C. vulgaris Lin. — Lieux secs. Juillet-septembre. ②. C.

SERRATULA Lin. (Gener. 924).

499. S. tinctoria Lin. — Bois frais. Août-septembre. ♃. AC. — Plus C. au Menez.

KENTROPHYLLUM Neck. (Elem.)

500. K. lanatum Lin. *sub Carth.* — Sables. Juillet-septembre. ①. AC. — Le littoral. R.

CENTAUREA Lin. (Gener. 984).

501. C. pratensis Thuil. — Prés, bois, etc. Juin-septembre. ♃. CC.

502. C. serotina Bor. 1330. — Sables. Juillet-septembre. ♃. — Le littoral çà et là. PC.

503. C. decipiens Thuill., Bor. 1331. — Champs incultes. Août-septembre. ♃. — Landes de Saint-Juvat, Saint-Malo. R. — Akènes tous aigrettés ; appendices recourbés en dehors.

504. C. nigra Lin. — Bois humides, buissons. Juillet-septembre. ♃. C. — Plusieurs formes difficiles à déterminer croissent sur le littoral et dans les prés du Menez. Celle de Saint-Malo, à tiges couchées, ascendantes, est peut-être la *C. Dubosii* Bor. 1328 ; mais les folioles de l'involucre sont en dents de peigne, du moins les supérieures ; celle du Menez à feuilles toutes pinnatifides, à involucre petit, allongé, d'un noir brun, n'est peut-être qu'une forme du *C. nigra* L. ; l'aigrette est presque nulle ou très-courte.

505. Cyanus Lin. — Moissons. Juin-juillet. ①. AC. — Plus C. sur le littoral.

506. C. scabiosa Lin. — Champs sablonneux. Juin-août. ♃. — La Courbure à Dinan, région maritime. C. — De Saint-Briac à Saint-Coulomb. AR.

507. C. solstitialis. Lin. — Lieux sablonneux. Juillet-septembre. ①. — Saint-Lunaire ; abondante dans les champs de luzerne en 1861 et surtout en 1862. RR.

508. C. CALCITRAPA Lin. — Chemins. Juillet-octobre. ②. — R. à l'intérieur. — AC. région maritime.

509. C. ASPERA Lin. — Lieux sablonneux. Juin-septembre. ♃. — Abondante à Dinard au-dessus de la plage des bains ; quelques pieds à Saint-Lunaire. RR.

C. CHICHORACEÆ.

LAMPSANA Lin. (Gener. 919).

510. L. COMMUNIS Lin. — Terres cultivées, etc. Juin-octobre. ①. CC.

ARNOSERIS Gært.

511. A. PUSILLA Gœrt. — Champs secs. Juin-août. ①. — Vallée de l'Échapt, en Lehon ; Brusvily, Beaulieu, forêt d'Yvignac, Bobital ; répandue, mais PC.

CICHORIUM Lin. (Gener. 921).

512. C. INTYBUS Lin. — Haies, etc. Juillet-septembre. ♃. — La Courbure à Dinan, Saint-Jacut et île des Ebiens, Saint-Malo. R. — Nul à l'intérieur.

THRINCIA Roth. (Cat. Bot.).

513. T. HIRTA Roth. — Lieux sablonneux. Juin-septembre. ♃. C. — Plus C. sur le littoral.

β. *hispida* Pesn. G. et G., *T. arenaria* DC.? — Sables maritimes.

LEONTODON Lin. (Gener. 912).

514. L. AUTUMNALIS Lin. — Prés, etc. Juillet-septembre. ♃.

β. *simplex* Dub., Breb. — Tige uniflore. — Sables maritimes.

PICRIS Juss. (Gener. 170).

515. P. HIERACIOIDES Lin. — Haies, buissons, etc. Juillet-août. ♃. — Région maritime, Saint-Juvat, bords de la Rance à Plouer, la Richardais. PC.

HELMINTHIA Juss. (Gener. 170).

516. H. ECHIOIDES L. *sub Picr.* — Champs incultes. Juillet-août. ①. — Région maritime à Saint-Jacut, Saint-Lunaire et Saint-Malo. AR.

TRAGOPOGON C. Bauh. et Veter.

517. T. PORRIFOLIUS Lin. — Prés. Juin-juillet. ②. — Vallée de la Rance. — Nul ailleurs. R.

518. T. PRATENSIS L. — Sables. Mai-septembre. ②. — Saint-Jacut à Biorre ; Lancieux et Saint-Briac. R.

SCORZONERA C. Bauh et Vet., Lin.

519. S. PLANTAGINEA Schl., *Sc. humilis* L. ex part. — Landes humides. Mai-juillet ♃. CC.

β. *linearifolia* Breb. (excl. syn. Lin.). — Feuilles toutes linéaires, étroites. — Bois. AR.

γ. *ramosa* Breb. — Tiges de 2-3 décim., à 1-3 fleurs. — Forêt de Coëtquen. R. — *S. hispanica* Lin. se trouve quelquefois sur les vieux murs, Dinan, Saint-Juvat. — Il aura été cultivé en grand dans les environs de la ville.

HIPOCHÆRIS Lin. (Gener. 918).

520. H. GLABRA Lin. — Côteaux du granit. Mai-août. ①. — C. dans ses localités.

β. *H. Balbisii* Lois. — Sables maritimes. Mai-juillet. AR.

521. H. RADICATA Lin. — Mai-novembre. — CC. presque partout. ♃.

TARAXACUM Hall., Juss.

522. T. OFFICINALE Wigg. — Prés, pelouses, champs. Mars-octobre. ♃. C.

523. T. MACULATUM Jord., pug. 117. — Prairies, Dinan, Saint-Juvat. AR. — Feuilles tachées de brun; akènes cendrés; pédicelle de l'aigrette trois fois plus long que l'akène.

524. T. RUBRINERVE Jord., pug. p. 115. — Région maritime. — Feuilles à côte rougeâtre; pédicelle de l'aigrette deux fois plus long que l'akène gris-verdâtre.

525. T. AFFINE Jord., p. 113. — Champs, prés. — AC. et très-variabbe. —Plante assez grèle; pédicelle de l'aigrette plus long que l'akène petit, olivâtre.

526. T. ERYTHROSPERMUM Andrz. — Pierrailles, sables maritimes. AC. — Le *T. lævigatum* à feuilles très-découpées, à akènes gris-perle, n'en est qu'une variété; les akènes des plantes semées sont rougeâtres et les feuilles assez larges. C'est aussi l'opinion de M. Jordan, Pug., p. 118, qui réunit le *T. erythrospermum* Andrz. au *T. lævigatum* Willd.

527. T. PALUSTRE DC. — Marais. Mai-juillet. ♃. PC. — AC. Châteauneuf.

LACTUCA C. Bauh. Lin.

528. L. VIROSA Lin. — Murs, décombres. Juillet-septembre. ②. C.

529. L. SCARIOLA Lin. — Sables. Juin-août. ②. — Saint-Malo et région maritime. PC.

530. L. DUBIA Jord., p. 119, *L. scariola, V. integrifolia* Auct. —Sables.
Juillet-août. ②. — Sables maritimes de Saint-Briac. C. — Commune de Léhon aux environs de l'Echapt, d'où elle s'est échap-
pée et répandue. R.

531. L. SALIGNA. Lin. — Lieux pierreux. Juillet-septembre. ②. — De
Saint-Servan à Saint-Malo. R.

532. L. MURALIS. Lin. *sub Prenanth.* — Bois. Juin-août. ②. — Forêt
de la Hunaudaie. RR.

SONCHUS. C. BAUH. LIN.

533. S. OLERACEUS LIN. — Champs cultivés. ①. Juin-août. CC.

534. S. LACERUS Willd. — Mêmes lieux; çà et là. — AC. région maritime.

535. S. ASPER Vill. — Lieux secs, etc. Juin-novembre. ①. AC.

536. S. ARVENSIS. Lin. — Moissons, etc. Juillet-septembre. ♃. AC. —
Plus C. le littoral.

CREPIS LIN. ex part.

537. C. FŒTIDA Lin. — Décombres, chemins. Juin-septembre. ①. AC.
— Plus C. le littoral.

538. C. TARAXACIFOLIA Thuill. — Champs, côteaux. Mai-juillet. ②. AC.
— C. le littoral.
β. Tige basse, rameuse; feuilles épaisses, luisantes. — Falaises de
Dahouet.

539. C. VIRENS Vill. DC. — Prés, champs. Juin-octobre. ①. CC.

540. C. DIFFUSA DC. — Talus, lieux secs. Juin-août. ① et ②. C.
β. *pinnatifida* Willd. — Murs, lieux frais. Aussi C. — La *C. diffusa*,
semée, reproduit la *C. pinnatifida*, forme des lieux plus frais,
mais jamais la *C. virens*.

HIERACIUM TOURNEF. (Inst. 267).

Genre inextricable depuis les derniers travaux. *Fiat lux !*

541. H. PILOSELLA Lin. — Prés, pelouses. Mai-septembre. ♃. CC. —
M. Schultz en a fait 42 espèces.

542. H. AURICULA Lin. — Prés argileux. Juin-septembre. ♃ AC.

543. H. MURORUM. Lin. — Côteaux, murs. Juin-juillet et automne. ♃.
— Murs de Dinan et de Lehon; bois et rochers de la vallée de la
Rance et des vallées secondaires. AR. — La plante de la vallée
aux Moines en Lehon est l'*H. adscitum* Jord.

544. H. silvaticum Smith et Auct. — Bois. Juillet-août. ♃. — Vallée de la Rance, bois de Plancouet et côteaux de l'Arguenon. PC.

545. H. tridentatum Fries. — Bois. Juillet-août. ♃. AC. — C. vallée de la Rance. — Plante très-variable. Celle des côteaux de l'écluse de Livet a la tige simple; les fleurs paniculées, et fleurit un mois plus tôt, en juin.

546. H. umbellatum L. — Bois. Juin-août. ♃. CC.
β. Feuilles larges, dentées, luisantes; fleurs en épi compacte. — Falaises de la région maritime. AC. — Toutes ces espèces ont été coupées en une foule d'autres : il y en a 149 dans la Flore du Centre.

AMBROSIACEÆ Link.

XANTHIUM Lin. (Gener. 1056).

547. X. spinosum Lin. — Sables. Août-octobre. ①. — La Courbure à Dinan, où il a apparu en 1862. RR. — J'en ai un échantillon de Saint-Malo (1859).

LOBELIACEÆ Juss. (Ann. mus.).

LOBELIA Lin. (Gener. 1066).

548. L. urens Lin. — Landes, bois. Juin-août. ①. C.

CAMPANULACEÆ Juss. (Gener. 163).

JASIONE Lin. (Gener. 1005).

549. J. montana Lin. — Côteaux, etc. Juin-août. ②. C.
β. maritima. — Rochers de la région maritime. AC.
γ. floribus albis. — Çà et là. — R. Dinan, Saint-Malo, etc.

CAMPANULA Lin. (Gener. 218).

550. C. rapunculus Lin. — Haies, etc. Juin-septembre. ②. CC.

551. C. trachelium Lin. — Bois frais. Juin-août. ♃. — C. toute la vallée de la Rance; puis moins C. dans tout l'arrondissement.

WAHLENBERGIA Scrad.

552. W. hederacea Lin. (sub Camp.). — Côteaux frais. Juin-août. ♃. CC.

VACCINIEÆ DC. (Théor. él.).

VACCINUM Lin. (Gener. 483).

553. V. myrtillus Lin. — Bois. Mai-juin. — Commence a paraître dans la forêt d'Yvignac (16 kilom. S.-O. de Dinan). — Puis. C. forêt de Boquien, de Plédéliac, où il atteint 1 mètre. — C. dans l'O.

ERICACEÆ R. Br. (Prodr.).

ERICA Lin. (Gener. 484).

554. E. TETRALIX Lin. — Bois, etc. Juin-septembre. CC.
555. E. CILIARIS Lin. — Bois, landes. Juillet-septembre. CC.
556. E. CINEREA Lin. — Bois, côteaux. Juin-septembre. C.

CALLUNA Salisb.

557. C. VULGARIS Sal. — Bois, landes. Juin-septembre. C.
β. *pubescens.* — Landes d'Yvignac, falaises de Saint-Briac. R.

MONOTROPEÆ Nutt. (Gener. amer.)

MONOTROPA Lin.

558. M. HYPOPITYS Lin. — Bois. Juin-Juillet. ♃. — Parasite sur les
racines du châtaignier et des conifères ; landes Gimbert en Plesder ; Coëllan, près de Caulnes. R.

Sect. III. — COROLLIFLORÆ

ILICINEÆ Brong. (Ann. Sc. nat., 329).

ILEX Lin. (Gener. 172).

559. I. AQUIFOLIUM Lin. — Bois. Mai. C.

OLEACEÆ Hoffm. et Link.

FRAXINUS C. Bauh. et Vet.

560. F. EXCELSIOR C. Bauh., Lin. — Haies, bois. Mars-avril. AC.

LIGUSTRUM C. Bauh., Lin.

561. L. VULGARE Lin. — Haies, buissons, etc. Mai-juillet. C. — Plus C.
sur le littoral.

APOCYNEÆ Juss. (Gener. 143).

VINCA Lin. (Gener. 295).

562. V. MINOR Lin., *V. pervinca* omn. Vet. — Bois. Mars-avril. ♃. —
Côteaux boisés de presque toute la vallée de la Rance ; Forêt de
Coëtquen, bois de Coëllan, etc. AC.
563. V. MAJOR L. — Murs, haies. Mai-juillet. Autour des villes et villages. — Naturalisée.

GENTIANEÆ Juss. (Gener. 141).

MENYANTHES Lin. (Gener. 202).

564. M. trifoliata Lin. — Marais anciens. Mai. ♃. — AC. Ne fleurit pas partout.

LIMNANTHEMUM Gmel. (Sÿst. nat.).

565. L. nymphoides Lin. — Rivières. Juin-septembre. — C. La Rance, étangs de l'arrondissement; mais plus R. à Hédé, Comboorg, le Rouvre, etc. PC.

CHLORA Lin. (Gener. 1250).

566. C. perfoliata Lin. — Côteaux sablonneux. Juillet-août. — C. région maritime à Saint-Briac, Saint-Jacut, Lancieux, cap Fréhel, Rotheneuf. A l'intérieur, la Courbure. R.

GENTIANA Lin. (Gener. 322).

567. G. pneumonanthe Lin. — Landes, bois. Août-septembre. ♃. C.

568. G. amarella Lin., Bréb. — Pelouses. Août-septembre ①. — Cap Fréhel, du côté de la garenne d'Erquo (oct. 1862, H. de Ferron). RR.

ERYTRÆA Rich. (App. pers. Lys.).

569. E. centaurium Pers., Lin. *sub Gent.* — Prés, côteaux, etc. Juin-août. ②. CC.

β, *E. capitata* R. et Schultz. — Feuilles inférieures très-larges en rosette; tige très-courte, très-rameuse dès la base; rameaux presque égaux, formant un corymbe compacte, serré avant et après la floraison; fleurs grandes, d'un rose vif. — Malgré sa grande ressemblance avec l'*E. centaurium,* je la croirais une espèce distincte et propre aux terrains maritimes. — AC. sur les graviers des falaises, de Saint-Malo et environs à Dahouet.

570. E. pulchella Fries. — Lieux mouillés l'hiver. Juin-septembre. — C. région maritime. — R. à l'intérieur.

β. *ramosissima* (Pers?). — Plante courte, très-rameuse. — On la trouve aussi dans les terres salées à tige naine et à 1-3 fleurs.

CICENDIA Gris., Adam.

571. C. filiformis Lin. *sub Gent.* — Lieux sablonneux humides l'hiver. Mai-septembre. AC. — Je n'ai pas rencontré l'*Ex. pusillum* DC., qui doit évidemment se trouver sur les bords des grands étangs.

CONVOLVULACEÆ (Juss. emend.).

CONVOLVULUS C. Bauh., Lin.

572. C. sæpium Lin. — Haies fraîches. Juin-septembre. ♃. C.

573. C. soldanella Lin. — Sables maritimes. Mai-juin. ♃. — C. tout
le littoral.

574. C. arvensis Lin. — Champs, etc. Mai-septembre. CC.

CUSCUTA C. Bauh., Lin.

575. C. minor C. Bauh., DC. — Landes, etc. — C. sur les légumineu-
ses et la bruyère. C.

576. C. epilinum Weihe., *C. densiflora* S. Wil. — ①. Juin. — Abondante à Châteauneuf en 1863.

BORRAGINEÆ Juss. (Gener. 128).

ECHIUM C. Bauh., Tournef., Lin.

577. E. vulgare C. Bauh., Lin. — Lieux pierreux, murs. Juin-juillet. ②. C.

β *Wierzbecchii* Habrl. — Mêmes lieux. — Corolles petites, un peu
velues; étamines incluses. — Çà et là sur le littoral. R.

LITHOSPERMUM C. Bauh. et Vet.

578. L. officinale Lin. — Haies, etc. Mai-juin. ♃. — Saint-Jacut et
île des Ebiens; vallée de la Rance à Taden. R.

579. L. arvense Lin. — Moissons. Juin-juillet. ①. — AC. à l'intérieur,
— C. le littoral.

PULMONARIA Tournef., Lin.

580. P. affinis Jord. Bor. 1733. — Bois. Mars-juin. ♃. — Vallée de la
Rance, puis çà et là dans les bois. — R. dans les bois non
montueux. PC.

581. P. ovalis Bast. Bor. 1734. — Avril-juin. ♃. — Vallée de la Rance;
forêts d'Yvignac et de Coëtquen, Saint-Malo. R.

582. P. longifolia Bast. Bor. 1735. — Avril-juin. ♃. — Abondant dans
la vallée de la Rance ; bois de l'étang du Rouvre. R. — Le *P. angustifolia* Lin. comprenait toutes ces espèces, et se rapporte plus
particulièrement au *P. azurea* Bess. (Voir C. Bauh. et la Flore
de France de MM. Grenier et Godron).

6

SYMPHYTUM C. Bauh., Tournef.

583. S. consolida C. Bauh., *S. officinale* Lin. — Lieux frais. Mai-juillet. ♃. C. — Fleurs blanches ou violacées. — Le *S. tuberosum* L., indiqué près de nos limites à Saint-Michel-en-Grève, se trouvera peut-être dans la région maritime.

ANCHUSA C. Bauh., Lin.

584. A. sempervirens L. — Haies, etc. Mai-juin. ♃. — C. autour de Dinan ; plus R. à Saint-Malo, Ploubalay, etc. AR.

LYCOPSIS Lin. (Gener. 190).

585. L. arvensis Lin. — Lieux sablonneux. Juin-septembre. ①. AC. — Plus C. le littoral.

BORRAGO Tournef., Lin.

586. B. officinalis Lin. — Terres cultivées, etc. Juin-septembre. ①. AC.

β. *alba*. — Feuilles d'un vert blanchâtre ; poils et fleurs blancs ; plante ordinairement très-robuste. — Dinard, le Poulichot à Dinan. R.

MYOSOTIS Lin. (Gener. 180).

587. M. palustris With. L. ex part. — Prés humides. Mai-septembre. ♃. C.

588. M. repens Don, Reich. — Tourbières. Mai-juillet. ②. — AC. tous les lieux spongieux des vallées ; Yvignac, Languenan, Châteauneuf, etc. AC.

589. M. strigulosa Reich. — Mai-septembre. ②. — AC. surtout les grands étangs et les prés marécageux du littoral.

590. M. lingulata. Lehm., *M. cæspitosa* Schultz, *M. uliginosa* Scrad. — Mêmes lieux. Juin-septembre. ②. AC.

591. M. intermedia Link. — Moissons, côteaux, etc. Mai-juillet. ②. C.

592. M. hispida Schlecht. — Lieux secs, sablonneux. Avril-septembre. ①. CC.

593. M. versicolor Pers. — Lieux sablonneux, talus. Avril-septembre. ①. AC.

β. Fleurs toutes jaunes. — Çà et là. — N'est pas le *M. Balbisiana* Jord.

CYNOGLOSSUM Lin. (Gener. 183).

594. C. officinale Lin. — Sables. Mai-juillet, ②. — Dahouet, et Saint-Jacut sur le littoral, Cancale. RR. — J'ai vu un échantillon du

C. pictum Ait., dont l'étiquette portait : « La Courbure à Dinan ; juin 1857. » — Je n'ai trouvé cette plante ni à sa localité, ni ailleurs dans tout l'arrondissement. Je pense qu'il y aura eu erreur. A rechercher cependant.

SOLANEÆ Juss. (Gener. 124).

SOLANUM C. Bauh., Lin.

595. S. nigrum Lin. — Décombres, sables. ①. Juillet-septembre. C.

596. S. dulcamara Lin. — Lieux frais, bois. Juin-septembre. ♃. C.

ATROPA Lin. (Gener. 249).

597. A. belladona Lin. — Bois. Mai-juillet. ♃. — Vallée et côteaux de la Rance à Lehon, Grilmont et Landboulon ; Lamballe, Saint-Cast. R.

LYCIUM Lin. (Gener. 262).

598. L. vulgare Dun., *L. barbarum* L. ex part. — Juin-octobre. — C. aux environs de Saint-Malo, où il est planté en haies, et s'est répandu de là dans les sables maritimes ; remparts de Dinan.

HYOSCYAMUS C. Bauh., Lin.

599. H. niger L. — Décombres, sables. Juin-août. ②. — Dinan. — C. le littoral. AR.

DATURA Lin. (Gener. 246).

600. D. stramonium. Lin. — Terres cultivées. Juillet-août. ①. — Jardins de l'Echapt en Lehon ; décombres et jardins du Poulichot près Dinan ; jardins du littoral. R.

601 D. tatula Lin., Bor. 1774. — Jardins de l'Echapt en 1863. RR. — Probablement importé.

VERBASCEÆ Bartl. (Ord. nat.).

602. V. thapsus L., *V. Schraderi* Meg. — Côteaux, talus. Juin-juillet. ②. C.

β. *nigro-thapsus* Fries. — Vallée de Bobital. — Feuilles du *V. nigrum* ; fleurs du *V. thapsus*, mais bien plus petites. Peut-être vaudrait-il mieux rapporter cette plante au *V. nigro-pulverulentum* Sm., *V. nigro-floccosum* Koch. (Voir Flore de France, Gren., Godr., page 557.) — S'il est certain que ces formes singulières soient des hybrides, loin de les considérer comme espèces, il faut tout au plus les admettre comme des aberrations, et ne pas charger la nomenclarure de tous ces noms barbares et burlesques forgés en Allemagne, et qu'on est tout surpris de lire dans un ouvrage Français.

603. V. THAPSIFORME Scrad. — Mêmes lieux. Juin-juillet. ②. — Vallée de Bobital et route de Coulcre. RR.

604. V. FLOCCOSUM Waldst., *V. pulverulentum* Vill. — Côteaux, etc. Juin-août. C.

605. V. NIGRUM Lin. — Sables, lieux secs. Juillet-août. ♃. — Dinan, Bobital. C. — Sur le littoral. C.

β. *V. parisiense* Th. — Fleur en panicule ample, rameuse. — Région maritime. AC.

γ. *Floribus albi aut subroseis.* — Saint-Jacut. R.

606. V. BLATTARIA Lin. — Lieux pierreux. Juillet-août. ②. — Saint-Juvat, à Saint-André. R.

607. V. VIRGATUM With., *V. blattarioides* Lam. — Talus, champs. Juin-août. ②. C. — Le nom de Lamarck à l'antériorité sur celui de Withering, il me semble.

SCROPHULARIACEÆ BENTH. (DC. prodr.).

SCROPHULARIA C. BAUH., LIN.

608. S. NODOSA Lin. — Taillis, etc. Juin-juillet. ♃. C.

609. S. AQUATICA Lin. — Bords des eaux. Mai-septembre. ♃. C.

610. S. SCORODONIA Lin. — Haies fraîches. Mai-juillet. ♃. — Vallée de la Rance, de l'écluse de Livet à la mer. — C. le littoral. — Remonte tous les cours d'eau. AC.

611. S. PEREGRINA Lin. — Rochers humides. Juin-septembre. ② et ①. — Rochers du viaduc à Dinan sur les deux rives. RR.

GRATIOLA C. BAUH., LIN.

612. G. OFFICINALIS Lin. — Étangs, rivières, etc. Juin-juillet. ♃. — C. la haute Rance. — Descend jusqu'à Dinan; étangs de Beaulieu, de Jugon, etc. AC. — C'est la *Grat. centauroides* de C. Bauhin.

DIGITALIS C. BAUH., LIN.

613. D. PURPUREA C. Bauh. — Lieux pierreux, côteaux. Juin-août. ♃. C.

β. *Floribus albis, aut pallide roseis.* — Çà et là, côteaux de la vallée de la Rance. R. — Cette forme est signalée par C. Bauhin, pin., p. 244.

ANTIRRHINUM C. Bauh., pin.

614. A. majus C. Bauh., pin.—Murs, rochers. Juin-août.—C. à Dinan et dans les vieux murs des châteaux en ruines. Il a les fleurs rouges, blanches ou pourpres.

615. A. orontium L. — Moissons. Juin-août. ①. AC.

LINARIA C. Bauh. pin.

616. L. cymbalaria Lin. — Murs, puits, etc. Juin-septembre. ♃. — Abondant à Dinan, Lehon. R.

617. L. elatine Mil. — Juin-septembre. ①. — Champs cultivés, etc. C.

618. L. spuria Mil. — Sables. Juin-juillet. ②. — Saint-Malo et environs de Saint-Briac à Saint-Jacut, Saint-Juvat. AR.

619. L. striata L. — Côteaux, haies. Mai-juillet. ♃. CC.

620. L. vulgaris Lin. — Haies, etc. Juin-septembre. ♃. C.

VERONICA C. Bauh.

621. V. scutellata. Lin. — Landes et bords des marais. Mai•septembre. ♃. — PC., mais répandue à-peu-près partout : le Hinglé, forêt de Coëtquen, Languenan, la Garaye, etc. PC.

622. V. anagallis Lin. — Marais. Juin-septembre. ♃. — AC. le littoral. — R. à l'intérieur, Dinan.

623. V. beccabunga Lin. — Sources, ruisseaux. Mai-août. ♃. C.

624. V. chamædris Lin. — Haies, bois, talus. Avril-mai. ♃. CC.

625. V. officinalis Lin. — Bois. Mai-juillet. ♃. AC.

β. *minor* G. Godr.? — Feuilles petites, étroites, vert foncé, luisantes, presque glabres ; épis courts, pauciflores, denses, bleu foncé. — Côteaux frais. CC.

626. V. montana Lin. — Bois. Mai-juin. ♃. — Bois de Coron près Lamballe (H. de Ferron). R.

627. V. serpyllifolia Lin. — Talus, pelouses. Mai-septembre. ♃. C.

628. V. arvensis Lin. — Champs, talus, etc. Avril-juillet. ♃. C.

629. V. agrestis Lin. — Champs, jardins. Mars-juin. ①. PC.

630. V. polita Fries. — Cultures, murs, etc. Mars-octobre. ①. CC.

631. V. hederifolia Lin. — Cultures. — Murs, etc. Mars-septembre. ①. CC.

LIMOSELLA Lin.

632. L. aquatica Lin. — Vases des étangs. Juillet-septembre. ①. — Petit étang de Jugon, où elle couvre les vases aux basses eaux ; étang du Rouvre. Probablement C.

MELAMPYRUM C. Bauh. Lin.

Ce nom n'indique-t-il pas que les Grecs croyaient ces plantes des parasites du blé? G. Bauhin dit : « *Quòd ex tritici mutatione generari censetur.* »

633. M. pratense L. — Bois. Juillet-août CC. — Fleurs jaunes et roses.

PEDICULARIS C. Bauh., Tournef.

634. P. silvatica Lin. — Pelouses humides. Mai-juillet. ②. CC.
β. *Floribus albis.* AC.

635. P. palustris Lin. — Mai-juin. ♃. — Marais des environs de Dinan; abonde au Menez, etc. AC.

RHINANTHUS Lin. (Gener. 740).

636. R. glabra Lam., *R. major* Ehrh. — Prairies. Mai-juin. ①. CC.

EUFRAGIA Benth.

637. E. viscosa Lin., *sub Bartsia.* — Marais, prés humides. Juin-septembre. — PC. à l'intérieur. — C. le littoral.

638. E. latifolia. Lin., *sub Euphras.* — Pelouses entre les rochers. Mai.①. — Rochers de la rivière de Morieux; falaises du village de la Cotentin près de Dahouet, où il forme une vraie prairie (8 juin 1861, H. de Ferron et moi). RR.

ODONTITES Reich. — *Euphrasia* Lin.

639. O. verna Reich., *Eup. odontites*, α. Lin., Bor. nᵒ 1862. Mai-juillet. — Champs, etc. C.

640. O. serotina Reich., Bor. 1863. — Champs, prés. Août-octobre. C.

641. O. divergens Jord. — Pâturages. Août-septembre. — Port-à-la-Duc. R.

EUPHRASIA Lin. (Gener. 742).

642. E. officinalis Lin., Bor. 1868. — Prés, pelouses, forêt de Coëtquen, étang du Rouvre, prairies du littoral. AC. — Plante bien distincte.

643. E. campestris Jord., pug. p. 131. — Pelouses, etc. Juillet-août. ①. — Forêt de Coëtquen, landes d'Yvignac, etc. AR. — Elle s'éloigne de la vraie *campestris* en quelques points; c'est peut-être elle qui vient d'être publiée sous le nom d'*agrestis*.

644. E. rigidula Jord., pug. p. 134. — Pelouses. Juillet-septembre. — C. tout le littoral. — Plus R. à l'intérieur; pentes du Menez, côteaux de la Rance.

645. E. TETRAQUETRA Arrondeau, Soc. Phil. du Morbihan, 1862 !.—
Pelouses. Juillet-septembre. — Saint-Malo et presque toute la
région maritime. AC.

646. E. ERICETORUM Jord. — Pelouses. Juillet-septembre. — Côteaux,
granit de la Rance. R.

647. E. GRACILIS Fries, Bor. in lit. ! — Falaises. — Juillet-août.— Nous
avons découvert cette plante intéressante à Morieux en 1861, et
le 14 juillet 1863, dans les landes du cap Fréhel, M. H. de Ferron et moi; elle est très-abondante dans cette dernière localité
et vient sur la terre nue entre les touffes d'ajoncs et de bruyères.
— C. dans les landes de Fréhel.

*E. foliis oblongis, lanceolatis utrinque tricrenatis (interdum 4 cre-
natis), bracteis basi cuneatis, corollæ fauce glabra, tubo labium cons-
picue superante, galea porruta, capsula lineari, truncata ; corolla exigua tota vulgo amethystina, sed variat albida ; tubo gracili bracteas
superat. Planta elongata, gracilis, stricta, autumnalis, exeunte julio
primum florens (è Fries exc.).*

SIBTHORPIA LIN.

648. S. EUROPEÆA L. — Fontaines, murs humides. Avril-juin. ♃. —
Côteaux de la Rance à Landboulou; vallées de l'Échapt, aux
Moines, du Saint-Esprit à Dinan ; tout le village de Saint-Carné,
le Menez, Saint-Malo, etc. AC.

OROBANCHEÆ Juss. (Ann. mus. 442).

OROBRANCHE C. BAUH., LIN.

649. O. RAPUM Th. — Mai-juin. ♃. — Sur le *Sar. scoparius.* C.

650. O. ULICIS Des M. — Mai-juin. ♃. — Sur l'*U. europæus.* AC. —
Il n'y a que le port à séparer cette plante de la précédente.

651. O. GALII Dub., *O. vulgaris* DC., *O. caryophyllacea* Sm. — Sur les
galium. Mai-juin. ♃. — Sables maritimes sur le *G. verum.*

652. O. MINOR Sutt., Koch. Juin-juillet. ♃. — AC. autour de Dinan et
sur le littoral. Je l'ai cueillie sur le trèfle cultivé; elle en infeste
quelquefois les champs à la Courbure : sur *Trif. arvense,*
Medicago sativa à Saint-Briac; *Trif. subterraneum* à Languenan,
et l'*Eryngium maritimum* à Saint-Malo et Lavarde, à Plouer.
Je l'ai trouvé sur *Picris hieracioides* L.

653. O. HEDERÆ Vauch. — Juin-juillet. — Sur le lierre. C. — Sur le
littoral et dans presque tout l'arrondissement. C.

β.? *albula*. — Je rapporte à l'*O. hederæ*, comme forme, la plante
suivante que j'ai recueillie à Lavarde, près de Saint-Malo, sur le
lierre et la luzerne cultivée, le 4 juillet 1863. — Tiges en touffes, 8 à 10 ensemble, d'un jaune pâle presque blanc, ainsi que
les fleurs; étamines insérées un peu plus haut que dans l'*O.
hederæ;* fleurs un peu plus grandes; stigmates à 2 lobes jaune
terne : pour le reste elle est tout-à-fait semblable à la plante du
lierre. Je ne l'ai pas rapportée à l'*O. unicolor* Bor. 1901, parce
qu'elle en diffère par les filets de ses étamines qui sont glabres. Le
même caractère l'éloigne de la variété jaune de l'*O. cruenta*. Bert.

654. O. CÆRULEA Vill. — Sur l'*Achillæa millefolium*. AC. — Littoral. CC.
Juin-juillet.

LATHRÆA LIN.

655. L. CLANDESTINA Lin. — Lieux humides. Mars-mai. ♃. — Toute la
vallée de Caulnes et de Saint-Jouan-de-l'Isle. — Cette plante
me semble parasite sur les racines du peuplier, du hêtre et du
noisettier. R.

LABIATEÆ Juss. (Gener. 110).

MENTHA C. BAUH., LIN.

656. M. ROTUNDIFOLA Lin. — Bois, fossés, routes. Juillet-septembre. ♃. C.

657. M. SILVESTRIS Lin. — Murs, lieux frais. Juillet-septembre. ♃ —
Pleudihen, Dinan, la Ville-Pichard, Montcontour et Collinée. AR.

658. M. AQUATICA Lin. — Lieux humides. Juillet-septembre. ♃. CC.
β. *hirsuta* L. — Marécages du littoral. Juillet-septembre. AC.

659. M. CRENATA Beck. — Bord des eaux. Juin-août. — Bords de la
Rance, de Dinan à Trévérien. R. — Prend des proportions
gigantesques.

660. M. SATIVA Lin. — Marais. Juillet-septembre. ♃. — Dinan, Saint-
Malo, etc. AR. — Beaucoup d'espèces doivent être confondues
sous ce nom.

661. M. ARVENSIS Lin. — Lieux humides. Juillet-septembre. ♃. C. —
La plante de notre contrée comprend : *M. arvensis* L., B. 1958;
M. silvatica Host., B. 1955, et *M. agrestis* Sole, B. 1957.

662. M. PARIETARIÆFOLIA Beck., Bor. 1963. — Bords d'un ruisseau dans
les bois de Pontual près de Saint-Briac. RR. — Plante très-
remarquable.

663. M. PULEGIUM Lin. — Champs, pelouses humides. Juillet-octobre.
♃. CC.

LYCOPUS Lin. (Gener. 45).

664. L. europæus Lin. — Fossés, bords des eaux. Juillet-septembre. ♃. C.

SALVIA C. Bauh. Lin.

665. S. sclarea Lin. — Lieux pierreux. Juin-août. ♃. — La Ville-Pichard près de Dahouet, où il est très-abondant (juin 1862). RR.

666. S. verbenaca Lin. — Côteaux, près, etc. Mai-Juillet et septembre. ♃. — AC. vallée de la Rance à Dinan, le Chêne-Vert, etc. — C. tout le littoral par localités.

ORIGANUM C. Bauh., Lin.

667. O. vulgare C. Bauh et Vet. — Lieux secs. Juillet-septembre. ♃. CC.
β. *Floribus albis, foliis pallescentibus.* — La Courbure. AR.

THYMUS C. Bauh. ex part Lin.

668. T. serpyllum Lin. — Prés, pelouses. Juillet-septembre. ♃. CC.
β. *citriodorus* Lloyd, Fl. O. — AC. le littoral.
γ. *chamædrys* Fries. — Côteaux secs. AR.

CLINOPODIUM Tournef. (Inst., t. 92).

669. C. vulgare L. — Landes, haies. Juillet-août. ♃. CC.

NEPETA Lin. (Gener. 110).

670. N. cataria Lin. — Décombres. Juillet-septembre. ♃. — Village de Lauvallay sur la route de Rennes. — Me semble introduite.

GLECHOMA Lin. (Gener. 714).

671. G. hederaceum Lin. — Haies, bois. Mars-avril. ♃. CC.

MELITTIS Lin. (Gener. 713)

672. M. melissophyllum Lin. — Côteaux boisés. Mai-juin. ♃. — Vallée de la Rance, etc. PC.
β. *grandiflora* Smith. — Feuilles à base non cordées, ovales, oblongues, fleurs plus allongées, souvent blanches. — Mêmes lieux et pas plus R. — M. Boreau regarde cette forme comme une espèce distincte.

LAMIUM C. Bauh. et Veter.

673. L. amplexicaule Lin. — Cultures, murs. Juillet-septembre. ①. — C. le littoral. — R. à l'intérieur.
β. Fleurs très-grandes, d'un rouge foncé. — Sables maritimes. PC.

674. L. PURPUREUM Lin. — Pied des murs, décombres. Février-mai. ♃. CC.

675. L. ALBUM L. — Haies, etc. Avril-mai. ♃. — Dinan, Saint-Malo, etc. PC.

GALEOBDOLON HUDS. (Fl. Angl.).

676. G. LUTEUM Lin. — Bois pierreux, etc. Mai-juillet. ♃. — Environs de Dinan, vallée de la Rance, le Guildo, l'Arguenon, Plouër, etc. PC.

GALEOPSIS LIN. (Gener. 717)

677. G. DUBIA Leers, *G. ochroleuca* Lam. —Moissons. Juillet-août. ①. C.
β. Fleurs pourprées. — Çà et là. R.

678. G. TETRAHIT Lin. — Décombres, champs. Août-octobre. ①. C.

679. G. PUBESCENS Bess., Bor. 2009. — Moissons. Juin. — AC. autour de Dinan. — Plante facile à reconnaître et se conservant par la culture. — Plus répandue qu'on ne croit. — Probablement C.

STACHYS C. BAUHIN.

680. S. SILVATICA Lin. —Lieux frais, pied des murs. Mai-août. ♃. C.

681. S. PALUSTRIS C. Bauh., L. — Moissons, lieux frais. Juin-septembre. ♃. C.

682. S. ARVENSIS L. — Champs incultes, etc. Juin-septembre ①. C.

BETONICA LIN., C. BAUH.

683. B. OFFICINALIS Lin. — Taillis, landes. Juin-septembre. ♃. C.

MARRUBIUM C. BAUH., LIN.

684. M. VULGARE Lin. — Lieux pierreux. Juin-août. ♃. AC. — A l'intérieur. PC.

BALLOTA TOURNEF. (Inst. 85).

685. B. FŒTIDA Lam. — Bords des chemins, etc. Juin-août. ♃. C. — Dans la région maritime toute la plante est d'un rouge noir.

SCUTELLARIA LIN. (Gener. 734).

686. S. GALERICULATA Lin. — Bords des eaux. Juin-septembre. ♃. AC.

687. S. MINOR Lin. — Bois frais, bord des mares. Juin-septembre. ♃. C.

BRUNELLA C. BAUH., TOURNEF. — *Prunella* LIN.

688. B. VULGARIS L. — Prés, pelouses. Mai-juillet. ♃. CC.

689. B. ALBA Pall., ap. Bieb. — Côteaux secs. Mai-juillet. ♃. — Saint-
Jacut et île des Ebiens; écluse de Bouteron près de Dinan (H. de
Ferron). R. — J'écris *Brunella* avec C. Bauhin, qui donne l'é-
tymologie suivante : « *Brunella ab effectu nomen accepit eo quod
faucium et linguæ affectibus seu potius malo castrensi, Ger-
manis* DIE BRUNE, *dicto, medeatur.* »

AJUGA LIN. (Gener. 705).

690. A. REPTANS Lin. — Prés et bois. Mai-Juin. ♃. CC.
β. *Floribus roseis.* — Forêt de Coëtquen. AR.
691. A. CHAMÆPITYS Lin., *sub Teucrio.* — Sables. — Mai-septembre.
①. — Paramé près Saint-Malo. R.

TEUCRIUM C. BAUH., LIN.

692. T. SCORODONIA Lin. — Côteaux, talus. Juin-septembre. ♃. CC.

VERBENACEÆ JUSS. (Ann. mus.).

VERBENA C. BAUH., TOURNEF., LIN.

693. V. OFFICINALIS L. — Lieux incultes. Juillet-septembre. ♃. CC.

LENTIBULARIEÆ C. RICH. (In Poit. et Turp.).

PINGUICULA LIN.

694. P. LUSITANICA Lin. — Landes tourbeuses. Mai-juillet. ♃. — C. les
landes Gimbert en Plesder; landes du Hinglé, Yvignac, etc. —
C. le Menez. — C. par localités.

UTRICULARIA LIN. (Gener. 34).

695. U. VULGARIS Lin. — Marais. Juin-juillet. — Vallée de la haute-
Rance, forêt de Coëtquen, étang du Rouvre, etc. AC.
696. U. MINOR Lin. — Marais des landes. Mai-juillet. ♃. — Forêt de Loudéac. (Rapportée par M. H. de Ferron.) RR.

PRIMULAGEÆ VENTENAT.

LYSIMACHIA LIN. (Gener. 285).

697. L. VULGARIS Lin. — Bords des eaux. Juillet-août. CC. — Varie à
feuilles tomenteuses.
698. L. NUMMULARIA Lin. — Bois frais, prés. Mai-juillet. — Environs
de Dinan. PC.

699. L. nemorum. Lin. — Bois frais. Juin-juillet. ♃. — AC. partout,
sans être C.

ANAGALLIS C. Bauh., ex part. Lin.

700. A. arvensis Lin. — Terres cultivées. Juin-septembre. ①. CC.

701. A. cærulea Lam. — Sables. Juin-juillet et octobre. ①. — Saint-
Malo à Saint-Ideuc. RR.

702. A. tenella Lin. — Landes humides. Juin-août. ♃. — CC.

PRIMULA Lin. (Gener. 197).

703. P. officinalis Jac., *P. veris*, α. Lin. Mars-mai. — Prairies de la
Courbure. RR.

704. P. acaulis Jacq., *P. veris*, γ. Lin. — Mars-juin CC.
β. Fleurs violâtres ou d'un blanc sale lavées de violet ; bien spontané
dans les bois de la Garaye et au bois du Chêne. R.

HOTTONIA Lin. (Gener.).

705. H. palustris Lin. — Eaux tranquilles. Mai-juin. ♃. C.

SAMOLUS Lin. (Gener. 222).

706. S. valerandi Lin. — Marais et rochers maritimes. Juin-septembre.
①. — C. sur le littoral. — Remonte jusqu'à Dinan.

GLAUX C. Bauh., Lin.

707. G. maritima C. Bauh., Lin. — Bords des eaux saumâtres. Juin-
Juillet. ♃. — CC. le littoral.

PLUMBAGINEÆ Endl. (Gener., p. 348-9).

STATICE Lin.

708. S. armeria Lin. — Falaises. Mai-juin et juillet-septembre. ♃. —
CC. région maritime.

709. S. limonium Lin. — Vases salées, etc. Juin-septembre. ♃ — Saint-
Jacut, Lancieux, Saint-Malo, etc.

710. S. ovalifolia. Poir. — Rochers maritimes. — AC. à l'embouchure
de tous les ruisseaux. — Remonte jusqu'à l'écluse de Livet. AC.

711. S. lychnidifolia De Gir. — Vases salées. Juillet-août. ♃ — De
Saint-Servan à Pleudihen sur la Rance, la Ville-ès-Nonais. R.

712. S. occidentalis Llloyd, Fl. O., p. 374. — Rochers et vases. — AC.
tout le littoral. C. — Les vases maritimes de la basse Rance.
Juillet-août. ♃.

(97)

PLANTAGINEÆ Juss. (Gener. 89).

LITTORELLA Lin. (Gener. 1328).

713. L. LACUSTRIS L. — Bords des étangs. Juin-août. ♃. — C. le grand
étang du Jugon, étang du Rouvre en Pleugueneuc ; couvre les bords
des étangs du Val à Brusvilly ; landes de Saint-Solin, etc. AC.

PLANTAGO C. Bauh., Lin. et omn., ἀςνόγλωσσον.

714. P. LANCEOLATA Lin. — Prés, etc. Avril-septembre. ♃. CC.

715. P. ERIOPHORA Hoffm. — Sables. Juin-septembre. ♃. — Sables du
littoral. AC.

716. P. MAJOR Lin. — Prés, chemins. Juillet-octobre. ♃. CC.

717. P. INTERMEDIA Gilib. — Prés secs ou maritimes, sables. Juin-
juillet. ♃. — La Courbure à Dinan, Saint-Malo, etc. AC.

718. P. MARITIMA Lin. — Terres salées. Juin-septembre. ♃. C. —
Feuilles plus ou moins larges, dentées.

β. Feuilles linéaires, entières. — Mêmes lieux. AC.

Aberr. *P. longibracteata.* — Feuilles larges, épaisses, très-dentées ;
tous les épis resserrés, courts, ovales ; bractées cinq fois aussi
longues que les fleurs, large et formant une grosse tête ovoïde,
foliacée. Juillet. — Bords de la Rance de la Richardais à la mer.

719. P. CORONOPUS. Lin. — Pelouses, rochers. Juin-septembre. ♃. CC.

β. *latifolia* DC. — Feuilles très-velues, larges, dentées. — Lieux
secs des côteaux.

γ. *maritima* Gren., Godr. — Feuilles charnues, dentées ; pédoncules
droits.

δ. *integrata* Gren., Godr. — Feuilles linéaires, lisses, charnues. —
Le littoral. — Nous n'avons rencontré aucune espèce de la famille des Amaranthacées. Le 2 juillet 1862, j'ai vu un pied de
l'*Am. retroflexus* sur des délestages à Saint-Malo. Je n'ai pas
rencontré la plante depuis.

SALSOLACEÆ Juss., Moq. Tand.

SALICORNIA Lin.

720. S. HERBACEA Lin. — Terres salées. Juillet-septembre. ①. CC.

β. *procumbens* Lloyd. — Tiges couchées. — Mêmes lieux. C.

721. S. RADICANS. Smith. — Vases salées. Août-septembre. ♃. — Lit
de la Rance et des ruisseaux qui vont à la mer. AC. — Semble
une espèce séparée, et ne ressemble guère à la *S. fruticosa* L.
du Midi.

SALSOLA Lin.

722. S. KALI, Lin. — Sables maritimes. ①. Juillet-août. C

SUÆDA Fonsk.

723. S. MARITIMA Lin. *sub Chen.* — Vases salées des rivières et du littoral. Juillet. C.

CHENOPODIUM Lin. (Gener. 309).

724. C. MURALE Lin. — Pied des murs, décombres, partout. Juin-septembre. ①. CC.

725. C. ALBUM Lin. Lieux cultivés, etc., partout. Juin-août. CC.

726. C. PAGANUM Reich., *C. viride* Th. non L., Bor. 2079. — Lieux incultes, quelquefois moissons, etc. Juin-septembre. ♃. — M'a paru AR.

727. C. VIRIDE Lin., *C. concatenatum* Th. — Lieux cultivés et décombres. Juin-septembre. — Partout. CC. — Ces trois plantes sont bien distinctes; jamais la graine du *C. album* ne donne des *C. paganum* ou *viride*.

728. C. GLAUCUM L. — Terres salées, étangs, etc. Juillet-septembre. ①. — CC. surtout sur le litttoral.

729. C. BONUS-HENRICUS L. — Décombres. Juillet-septembre. ♃. — Village de Lehon près Dinan; cimetière de Pleurtuit. AR.

730. C. POLYSPERMUM Lin. — Champs, routes. Août-septembre. ①. PC.
β. *acutifolium* Smith, Chevall., Fl. Par. — Mêmes lieux.

731. C. VULVARIA Lin. — Pied des murs, etc. Juin-octobre. ①. CC.

Obs. — J'ai trouvé une fois, en 1859, le *C. intermedium* M. et K. au pont à Dinan; il n'a pas reparu. Je n'ai jamais vu le *C. rubrum* L.

BETA C. Bauh. et Vet., Lin.

732. B. MARITIMA Lin. — Rochers et vases du littoral et des rivières. Juillet-septembre. ♃. — C.

ATRIPLEX Lin. C. Bauh. et Vet.

733. A. HALIMUS. Lin. — Falaises. Octobre. — De Paramé à Dahouet. — Cet arbrisseau, qui ne mûrit pas toujours ses graines, s'est répandu dans toutes les falaises.

734. A. PORTULACOIDES Lin. — Terres salées, rochers. Juillet-septembre. C.

735. A. CRASSIFOLIA C. A. Mey., *A. rosea* Mult. Auct. — Sables maritimes de tout le littoral. Juillet-septembre. ①. C.

736. A. HASTATA Lin. — Décombres, rochers et cultures. Juin-août. ①.
— Plante polymorphe.

α. *genuina* Godr., *A. patula* Smith.—C. dans les champs et les jardins.

β. *micrantha* DC., *A. heterosperma* Godr.—Bords des chemins, etc. AC.

γ. *salina* Wallr., *A. oppositifolia* DC. — Vases salées, bords des rivières. C.— Cette forme pourrait bien être une espèce distincte.
Cf. Bor. nº 2094.

δ. *microsperma* W. K. — Terres cultivées après la récolte. AC. —
M. Boreau, Fl. Centr., nº 2095, la considère comme espèce distincte.

737. A. PATULA Lin., *A. angustifolia* Smith. — Champs cultivés. Juillet-
août. ①. C.

α. *genuina* Godr. — C'est la forme la plus commune.

β. *muricata* Ledeb. (*non A. macrodira* Guss.). — Sables ou cultures
sablonneuses de Saint-Malo, de Saint-Jacut. AR.

γ. *angustissima* Wallr. — Champs cultivés. C.

POLYGONEÆ Juss. (Gener. 82).

RUMEX Lin. — *Lapathum* Veter. omn.

738. R. PALUSTRIS Smith. — Marais tourbeux. Juin-septembre. ②. —
Ancien marais de Saint-Briac, avec *R. maritimus*; Châteauneuf. RR.

739. R. MARITIMUS Lin. — Marais. Juin-septembre. ②. — Saint-Briac,
Châteauneuf. R.

740. R. CONGLOMERATUS Schreb.—Haies, lieux frais. Juillet-août. ♃. AC.

741. R. RUPESTRIS Le Gall. — Rochers maritimes. Juillet-août. ♃. —
Rochers de la pointe de Saint-Briac, de Saint-Jacut et de l'île
des Ebiens. R.

742. R. NEMOROSUS Schrad. — Bois, lieux couverts. Juin-juillet. ♃. AC.

743. R. PULCHER Lin. — Bords des chemins. Juin-juillet. ②. C.

744. R. OBTUSIFOLIUS Lin. — Prés, champs. Juin-juillet. ♃. C. —
Plante polymorphe.

745. R. CRISPUS Lin. — Prés, champs, etc. Juin-septembre. ♃. CC.

746. R. HYDROLAPATHUM Huds. — Bords des eaux. Juin-septembre. ♃.
— Toute la vallée de la Rance.—C. à Saint-Juvat.—R. ailleurs,
et localisé. PC.

747. R. ACETOSA Lin. — Prés, cultures. Juin-juillet. ♃. CC.

748. R. ACETOSELLA Lin.—Pentes des Côteaux, talus. Mai-juillet. ♃. CC.

POLYGONUM C. Bauh., Lin.

749. P. BISTORTA L. — Prés frais. Mai-juin. ♃. — Au Pont Gand sur le Lié (H. de Ferron, 1860). RR.

750. P. AMPHIBIUM Lin. — Eaux tranquilles. Juin-juillet. ♃. C.

β. P. *terrestre* Lin. — Bords des eaux, lieux desséchés. PC.

751. P. LAPATHIFOLIUM L. — Champs, lieux frais. Juillet-septembre. ①. C. — Varie à fleurs blanches ou blanc rosé.

752. P. NODOSUM Pers. — Lieux frais, bords des eaux. Juin-septembre. ①. C.

753 P. PERSICARIA L. — Fossés, lieux humides. Août-septembre. AC. — Bien moins C. que dans les contrées calcaires ou sablonneuses.

754. P. HYDROPIPER Lin. — Lieux humides, etc. Juin-septembre. ①. C.

755. P. MINUS. Huds. — Mares des landes. Juillet-septembre. ①. — AC. toutes les landes marécageuses.

756. P. AVICULARE Lin. — Champs, chemins. Juillet-septembre. CC.

757. P. MONSPELIENSE. Pers. — Cultures de Châteauneuf, Dinan; semble rare. — J'ai vu des feuilles qui avaient 2 cent. et demi de large.

758. P. AGRESTINUM Jord., Bor. 2142. — Pied des murs. PC.

759. P. ARENASTRUM Bor. 2143. — Lieux pierreux ou sablonneux, etc. Juillet-septembre. — C'est le plus répandu. — Fleurs presque toujours rouges. C.

760. P. HUMIFUSUM Jord. Bor. n° 2146. — Terres remuées, etc. AC.

761. P. RARIVAGUM Jord. — Champs après la moisson. C.

762. P. CONVOLVULUS Lin. — Champs, etc. Juin-septembre. ①. CC. — Contrée maritime. AR.

763. P. DUMETORUM Lin. — Haies, côteaux. Juin-septembre. — Contrée maritime. AR.

764. P. FAGOPYRUM Lin. — Juillet-août. ①. — Cultivé en grand.

765. P. TATARICUM Lin. — N'est pas cultivé et se trouve fréquemment sur les décombres.

DAPHNOIDEÆ Vent.

DAPHNE Lin. (Gener. 485).

766. D. LAUREOLA Lin. — Haies, bois. Février-avril. C.

LAURINEÆ DC. (Fl. Fr., 3, p. 361).

LAURUS Tournef.

767. L. NOBILIS Lin. — Jardins. mars-avril. — Cultivé partout.

SANTALACEÆ R. Brown.

THESIUM Lin. (Gener. 292).

768. Th. humifusum DC. — Pelouses sèches. Juin-août. ♃. — AC. de Saint-Coulomb à Dahouet.

Obs. — Hippophœ rhamnoides L. est planté en haies à Saint-Cast. — Non spontané.

EUPHORBIACEÆ Juss. (Gener. 384).

BUXUS C. Bauh. et Vet.

769. B. sempervirens Lin. — Haies, côteaux. — planté souvent. — Sub-spontané sur les côteaux de la Rance à Taden et de Bobital. Avril.

EUPHORBIA Lin. — *Tithymalus* C. Bauh.

770. E. helioscopia Lin. — Terres cultivées. Avril-octobre. CC.

771. E. platyphyllos Lin. — Lieux pierreux ou frais. Juin-juillet. ①. — Châteauneuf, Dol. R.

772. E. paralias Lin. — Sables maritimes, rochers. Juin-septembre. AC. de Saint-Coulomb à Dahouet.

773. E. portlandica Lin. — Sables et rochers. Mai-juillet, août-octo-bre. ②. — C. Tout le littoral.

774. E. peplus Lin. — Lieux cultivés, etc. Mars-octobre CC.

775. E. exigua Lin. — Champs sablonneux. Juin-septembre. ①. — Saint-Juvat, Yvignac, Plesder, etc. — PC. à l'intérieur. — C. moissons du littoral.

776. E. lathyris Lin. — Lieux pierreux, frais. ②. Juin-août. — Côteaux de la vallée de la Rance à Grilmont, Landboulou, etc. PC.

777. E. amygdaloides Lin. — Bords des chemins, haies. Avril-juillet. ♃. CC.

MERCURIALIS Lin.

778. M. perennis Lin. — Bois. Avril-mai. — C. dans la vallée de la Rance. — C. ou abondant à Bobital; forêts de Coëtquen, d'Yvignac, de la Hunaudaie, etc.

779. M. annua Lin. — Août-septembre. — Partout. CC.

URTICEÆ DC. (Fl. Fr., 3, 517)

URTICA C. Bauh., Lin.

780. U. urens Lin. — Pied des murs, décombres. Juin-septembre. ♃. C.

781. U. dioica Lin. — Partout. Juin-septembre. ♃. CC.

PARIETARIA Tournef. (Inst. 289).

782. P. ERECTA M. K., Koch, Gren. et Godr. — Juin-octobre. ♃. — Chantiers de Saint-Malo. R.

783. P. DIFFUSA M. K., Gren. et Godr. — Juin-novembre. — Murs, etc. CC.
β. *fallax* Gren. et Godr. — Pieds des murs au nord; lieux frais; çà et là. AR.

HUMULUS LIN. (Gener. 1116).

784. H. LUPULUS Lin. — Bois, haies. Juillet-août. ♃. — Vallée de la Rance et les bois. AC.

ULMUS LIN. (Gener. 316).

785. U. MAJOR Smith. — Mars-avril. — Planté sur les routes et les promenades. ?

786. U. CAMPESTRIS Lin. — Mars-avril. — Bois, routes, plantations. — Non indigène.

787. U. SUBEROSA Ehrh. — Mars-avril. — Bois et côteaux. AC. — C'est le seul qui existe dans les bois de l'arrondissement.

U. effusa L. — Souvent planté. — Ne semble pas se propager.

AMENTACEÆ Juss. (Gener. 406).

A. CUPULIFEREÆ A. Rich.

FAGUS C. Bauh. et Vet.

788. F. SILVATICA Lin. — Forêts, côteaux. Avril-mai. CC.

CASTANEA C. Bauh. et Vet.

789 C. VULGARIS Lam. — Bois, plantations. Juin-juillet. CC.

QUERCUS C. Bauh. et Vet.

790. Q. PEDUNCULATA Ehrh. — Haies, bois. Avril-mai. CC.

791. Q. SESSILIFLORA Smith. — Forêts. Avril-juin. AC.

792. Q. ILEX Lin. — Bois. Juin. — Bois de la Garaye; le Chêne-Vert, etc. — Ne forme jamais des bois. — R. et non spontané.

CORYLUS Tournef. (Inst. 347).

793. C. AVELLANA Lin. — Bois, haies. Janvier-février. — Haies, bois. CC.

CARPINUS LIN. (Gener. 1073).

794. C. BETULUS Lin. — Avril-mai. — Forêt d'Yvignac, de Coëtquen, et planté. AC.

B. SALICINEÆ A. Rich.

SALIX C. Bauh. et Veter.

795. S. ALBA Lin. Bords des eaux, plantations. Avril-mai. AC.

796. S. VITELLINA Lin. — Planté sur quelques points du littoral. Mai. R.

797. S. FRAGILIS Lin. —Haies, Bords des ruisseaux. Mai. AR.

798. S RUSSELLIANA Sm. — Oseraies de la région maritime; Morieux. R.

799. S. UNDULATA Ehrh. — Haies fraîches, route de Caulnes au 6ᵉ kilomètre; environs de Collinée. — R. nous n'avons que la femelle.

800. S. PURPUREA Lin. — Bout de lande marécageuse au sud de la plaine de Paramé, près de Saint-Malo. — Les 8 ou 10 touffes m'ont bien l'air d'avoir été plantées. — Cultivé à Trévérien. RR.

801. S. VIMINALIS Lin. — Haies, etc. Avril-mai. C.

802. S. CINÉREA Lin. — Haies, bois. Mars-avril. CC.

803. S. AURITA Lin. Marais et landes marécageuses. Avril-mai. AC.

804. S. CAPRÆA Lin. — Bois frais. Avril-mai. — Forêt de Coëtquen près de la Chesnaye; forêt de Boquien dans le Menez; bords de la Rance à la Courbure; bois de Coron près de Lamballe. RR.

805. S. REPENS Lin. — Landes humides. Avril-juin. — C. varie à feuilles linéaires (*S. rosmarinifolia* L.?), ovales lancéolées et ovales oblongues.

POPULUS Tournef. (Inst. 365).

806. P. TREMULA Lin. — Bois, haies. Mars. AC.

807. P. CANESCENS Smith. — Planté; mais il se répand. — Les autres peupliers, *P. alba* L., *P. virginiana* Desf., *P. fastigiata* P., *P. angulata* Mich., sont plantés ou cultivés; quelques-uns sont C. dans les prés de Saint-Juvat.

BETULA C. Bauh.

808. B. ALBA Lin. — Bois, landes. Avril-mai. C. — Il y a une plaisante remarque dans C. Bauhin : *terribilis*, dit-il d'après Pline, *magistratuum virgis; idcirco arborem Sapientiæ appellare consuevimus.*

ALNUS C. Bauh., Lin.

809. A. GLUTINOSA Lin. — Lieux frais, etc. Mars. C.

C. MYRICEÆ.

MYRICA Lin.

810. M. GALE Lin. — Tourbières. Avril. — C. à Châteauneuf. — Seule localité. R.

CONIFEREÆ Juss. (Gener. 411).

A. **ABIETINÆ** C. Rich. Conif.

PINUS Lin. Gener. — *Peuce* C. Bauh.

811. P. silvestris Lin. — Cultivé ou planté dans les bois de Coëllan, Bobital ; dans les landes de Pleugueneuc ; etc. Mai.

812. P. maritima Lam., *P. pinaster* Sol. — Bois de la Garaye, de Pontuel, etc. — Cette espèce se resème d'elle-même.

ABIES C. Bauh., Lin.

813. A. picea Lin., *A. pectinata* DC. — Planté partout.

814. A. excelsa Lam. *sub pin.* — Généralement planté. — Spontané.

815. A. larix Lin. *sub pin.* Λάριξ Théophr. — Planté sur les côteaux humides, au nord, et souvent spontané.

B. **CUPRESSINEÆ** C. Rich. Conif.

JUNIPERUS Lin. Sp. C. Bauh.

816. J. communis Lin. — Cultivé dans beaucoup de parcs.

TAXUS Tournf., Lin.

817. T. baccata Lin. — Planté dans tous les cimetières, quelquefois dans les haies. Avril. — J'ai mentionné les Conifères, dont aucune espèce ne paraît indigène, parce qu'elles sont très-répandues et trop agrestes pour compter désormais comme arbres de culture. J'ai remarqué que la plupart d'entre elles se reproduisaient spontanément ; et il y a tel taillis, comme à Coëllan, par exemple, où les *Pinus* et les *Abies* détruisent la végétation primitive.

CLASS. IIᵃ — MONOCOTYLEDONEÆ

HYDROCHARIDEÆ C. Rich.

HYDROCHARIS Lin. (Gener.).

818. H. morsus-ranæ Lin. — Étangs, fossés. Juillet-août. ♃. C.

ALISMACEÆ R. Brown. Prodr.

ALISMA Lin. (Gener. 460).

819. A. plantago Lin. — Fossés, bords des eaux. Juin-septembre. ♃. CC.

820. A. natans Lin. — Mares des landes, fossés. Mai-septembre. ♃. C.

821. A. ʀᴀɴᴜɴᴄᴜʟᴏɪᴅᴇs Lin. — Marais, landes. Juin-septembre. ♃. C.

β. *repens* DC. — Landes se desséchant l'été. — Aussi C. et jamais seul.

822. A. ᴅᴀᴍᴀsᴏɴɪᴜᴍ Lin. — Vases des étangs, fossés. Mai-juillet. ①. — Fossés de la route de la Jugon, environs de Lamballe, étang du Rouvre. R.

SAGITTARIA Lɪɴ. (Gener. 1067).

823. S. sᴀɢɪᴛᴛæꜰᴏʟɪᴀ Lin. — Rivières, ruisseaux. Juin-septembre. ♃. C.

β. *Vallisneriifolia* C. et G. — Feuilles toutes linéaires, submergées; en fleurit qu'à la retraite des eaux, et alors l'extrémité des feuilles se dilate. J'ai vu à Saint-Juvat une feuille sagittée, petite, placée au bout d'une lanière qui avait 1ᵐ 20 de longueur.

BUTOMUS Lɪɴ. (Gener. 507).

824. B. ᴜᴍʙᴇʟʟᴀᴛᴜs Lin. — Bords des eaux. Juin-août. ♃. — C. toute la haute Rance. — R. à Dinan. — Taden dans un marais saumâtre. AR.

TRIGLOCHIN Lɪɴ.

825. T. ᴍᴀʀɪᴛɪᴍᴜᴍ Lin. — Lieux humides des terres salées. Mai-juin. ♃. CC.

826. T. ᴘᴀʟᴜsᴛʀᴇ Lin. — Lieux marécageux, bords de la Rance à la Courbure. — Très-abondant dans le marais de Saint-Jacut de la mer. Juin-septembre. ♃. AR. — J'ai en vain cherché le *T. Barrelieri* Lois.

POTAMEÆ Jᴜss. (Dict. Sc. nat.).

POTAMOGEITON C. Bᴀᴜʜ. Lɪɴ.

D'après les règles du langage, il faut écrire *potamogiton* ou *potamogeiton*, mais non *potamogeton*.

827. P. ɴᴀᴛᴀɴs Lin. — Eaux tranquilles. Juin-août. ♃. CC.

β. *P. plantago* Bast. — Mares des landes; çà et là.

828. P. ꜰʟᴜɪᴛᴀɴs DC. — Eaux vives. Juin-septembre. ♃. — Mares et ruisseaux de Tréverien près d'Évran. R.

829. P. ᴘᴏʟʏɢᴏɴɪꜰᴏʟɪᴜs Pourr. 1788, *P. oblongus* Viv. 1808. — Mares tourbeuses. Juillet-août. ♃. — Forêt de Coëtquen, Château-neuf, le Menez. AC.

830. P. ʟᴜᴄᴇɴs Lin. — Rivières, canaux. Mai-juin. ♃. — CC. dans la Rance, au-dessus de Dinan jusqu'au Menez. — Je ne l'ai pas vu ailleurs.

831. P HETEROPHYLLUS Schreb. — Rivières, étangs. Juin-septembre. ♃.
C. la Rance, étangs de Jugon et du Rouvre. AC.

β. *gramineus* Lloyd, Fl. O., p. 424. Feuilles flottantes, nulles —
Saint-André-des-Eaux, Trévérien, etc. — Plante polymorphe
et pouvant faire croire à l'existence de beaucoup d'espèces, si
l'on ne considérait que ses feuilles.

832. P. PERFOLIATUS Tin. — Rivières, étangs. Juin-août. — C. tous les
cours d'eau. C.

833. P. CRISPUS Lin. — Fossés, étangs. Juin-septembre. C. — Nous
n'avons que la forme du granit à feuilles, d'un vert foncé, très-
luisantes, transparentes, ondulées.

834. P. DENSUS Lin. — Fossés Juin-juillet. ♃. — A mi-chemin de
Dinan à Rennes; tourbières de Châteauneuf. RR. — Je l'ai reçu
aussi de Rennes.

835. P. PUSILLUS Lin. — Étangs, mares. Mai-juillet. ♃. — La Rance et ses
fossés à Saint-André-des-Eaux; Saint-Juvat, Trévérien, etc. AR.

836. P. PECTINATUS Lin. — Rivières et eaux saumâtres. Juin-juillet. ♃.
C. — La forme de nos contrées, à feuilles et rameaux très-
nombreux, serrés et pressés au sommet de longues tiges presque
nues, n'est pas la même que celle des terrains calcaires.

RUPPIA LIN.

837. R. MARITIMA Lin. — Eaux saumâtres. Juin-septembre. ♃. — Saint-
Jacut de la mer, Lancieux et Saint-Briac. R.

838. R. ROSTELLATA Koch. — Mêmes lieux et époque; Saint-Jacut, Lancieux, etc. C. — Le caractère tiré de la forme du fruit n'est pas
constant. Il est quelquefois ovoïde et pas du tout semi-lunaire,
ni oblique; la brièveté du pédicelle commun (2-5 cent.) ne formant presque jamais plus de deux tours de spirale, et les tiges
plus fines, feront mieux distinguer la plante.

ZANNICHELLIA Lin. (Gener. 1034).

839. Z. PALUSTRIS Lin. — Eaux tranquillles; Saint-Juvat où il est assez
abondant; Saint-Jacut dans les eaux saumâtres, etc. AR.

840. Z. DENTATA Willd., Lloyd. — Eaux saumâtres. Mai-juillet. ♃. —
AC. le littoral.

841. Z. PEDICELLATA Fries. herb. ! Gren. et Godr. *sub* var. β. — Même
station; Saint-Jacut de la mer. R. — Stigmates orbiculaires ou
suborbiculaires, à quelques crénelures, et paraissant à peine
rugueux à une forte loupe.

ZOSTERA Lin.

842. Z. marina Lin. — Côtes vaseuses de la Mer. Juin. C.

843. Z. nana. Roth., *Z. pumila* Legal. — Vases maritimes. — CC. sur les bas-fonds de la Richardaie dans la Rance ; elle occupe un espace de près de 2 kilomètres. — Je n'ai jamais pu la trouver en fruit, ce qui jette une certaine obscurité sur elle. Ne serait-ce pas la *Z. angustifolia* H., Rchb. ic., Durieu? — Les feuilles sont très-étroites, très-longues et à peine échancrées à l'extrémité. — J'ai revu la même plante à Port-la-Duc en 1863, avec une *zostera* plus petite, plus courte, d'un vert un peu plus pâle, et qui est bien, je crois, la *Z. nana* Roth. Les fleurs étaient au nombre de 9-12 ; ses feuilles de 10-15 centimètres, et larges de 2 centimètres environ et toutes tronquées ou échancrées. L'autre forme était encore stérile.

LEMNACEÆ Duby (Bot. 1).

LEMNA Lin. — *Lenticula* C. Bauh.

844. L. trisulca Lin. — Eaux tranquilles. Juin-juillet. — Saint-Malo et environs, Saint-Jacut. — Abondante à Morieux. — Nulle ou à-peu-près à l'intérieur.

845. L. polyrrhiza Lin. — Ruisseaux, étangs. Mai-juin. — AC. par localités.

846. L. minor Lin. — Eaux tranquilles. Mai-juillet. CC.

847. L. gibba Lin. — Eaux tranquilles, mares. Mai-juin. C. — Plus C. dans la région maritime.

L. arrhiza Lin. — Étangs. — C. à l'étang de la Bellière près de Pleudihen. R. — Un botaniste distingué vient de démontrer (1864) que cette plante est une cryptogame ; elle doit donc être changée de place. Il l'a décrite sous le nom *Bruniera vivipara* Fr. ; mais elle en a déjà reçu un autre.

TYPHÆ Juss. (Gener. 25).

TYPHA C. Bauh et Veter.

848. T. latifolia L. — Étangs, marais. Mai-juillet. ♃. AC.

849. T. angustifolia L. — Mai-juin. ♃. — Saint-Juvat, Château-neuf. AR.

SPARGANIUM C. Bauh., Lin.

850. S. ramosum C. et J. Bauh., *S. erectum α.* L. — Juin-septembre. ♃ . — Étangs, fossés. C.

851. S. simplex Huds., *S. erectum β.* L. — Marais, etc. Juin-septembre. ♃. AC.

AROIDEÆ Juss. (Gener. 23).

ARUM C. Bauh., Lin.

852. A. vulgare Lam. — Bois, haies. Avril-mai. ♃, AC. — Feuilles sans taches.

β. *A. maculatum* Lin. — Aussi C. — Feuilles maculées de noir.

853. A. italicum Mill. — Haies, bois. — Avril-mai. — C. vallée de la Rance. — R. ailleurs. — Les feuilles sont quelquefois tachées de noir, mais très-rarement veinées de blanc. — Ces deux plantes sont décrites par les Bauhin.

ORCHIDEÆ Juss. (Gener. 64).

SPIRANTHES Rich. — *Ophrys* Lin.

854. S. æstivalis Lam. — Bords des étangs. Juillet-août. ♃ . — Bords du grand étang de Jugon, marais de Languenan, Planguenouel. R.

855. S. spiralis Lin., *autumnalis* Auct. — Prés secs ; çà et là. — Répandu, mais non C.

EPIPACTIS Rich., Sw., — *Serapias* Lin.

856. E. latifolia Lin. — Bois, prés. Juillet-août. ♃, — Évran, Dinan, etc. AC.

857. E. palustris Crantz. — Prés humides. Juin-juillet. ♃. — Forêt de Coëtquen. — Abondant dans les prés marécageux de Saint-Briac. R.

NEOTTIA Rich. — *Ophrys* Lin. — *Epipactis* All.

858. N. ovata Lin. — Bois frais. Mais-juillet. ♃. C. — Tous les grands bois. C.

859. N. nidus-avis Lin. — Bois. Mai-juin. ♃. — Forêt de Coëtquen sur la route de Combourg (mai 1862, H. de Ferron et moi). RR.

ACERAS R. Brown. — *Satyrium* et *Orchis* Lin.

860. A. hircina Lin. — Haies, côteaux. Juillet. ♃. — Abondant au Qiou et à Saint-Juvat. R.

861. A. PYRAMIDALIS Lin. — Côteaux. Juin-juillet. ♃. — La Courbure à Dinan, rive droite; Saint-Jacut et île des Ebiens. RR.

ORCHIS Lin. (Gener. 1809).

862. O. MORIO Lin. — Prés secs, etc. Avril-mai. ♃. C.
β. *flore albo.* — Fleurs grandes, blanches; périgone externe veiné de vert pâle.

863. O. USTULATA Lin. — Prés secs; Hédé sur la route de Rennes à Dinan; Lamballe. — Il est AC. à Rennes. R.

864. O. CORIOPHORA Lin. — Prés humides. Juillet-août. ♃. — CC. dans les landes du marais de Briantais jusqu'à Lancieux. — Sur 50 échantillons de cette plante que je recueillis le 25 juillet 1862, il y en avait 11 tout-à-fait inodores; 7 à odeur douce, un peu mielleuse, et le reste exhalait une assez forte odeur de punaise. — La variété *O. fragrans* Poll. ne me paraît donc qu'un accident.

865. O. MASCULA Lin. — Prés, côteaux. Mai-juin. ♃. CC.
β. *flore albo* — Çà et là. R. — Les fleurs sentent souvent une forte odeur qui rappelle celle de l'*A. hircina* L.

866. O. LAXIFLORA Lam. — Prés humides. Mai-juin. ♃. C.

867. O. INCARNATA Lin. — Prés spongieux. Juin-juillet. ♃. — Le Menez. R.

868. O. LATIFOLIA Lin. — Prés humides. Mai-juillet. ♃. — Forêt de Coëtquen, prairies d'Yvignac, le Menez. AR.

869. O. MACULATA Lin. — Prés, landes. Mai-juillet. ♃. CC.
β. *flore albo.* — La Garaye. R.

870. O. BIFLORA Lin. — Landes, prés. Mai-juin. ♃. CC.

871. O. CONOPSEA Lin. — Prés, landes humides. Juin-Juillet. ♃. — Forêt de Coëtquen à Saint-Helien; la Garaye, Bobital, Yvignac, le Menez, Saint-Briac. AC.

872. O. VIRIDIS Lin. *sub Satyr.* — Prés. Juin-juillet. — Saint-Juvat où il était CC. en 1861. — Côteau de Saint-Lunaire, Lancieux. AR.

OPHRYS Lin. (Gener. 1011).

873. O. ARANIFERA Huds. — Région maritime de Saint-Malo à Saint-Jacut. Mai-juin. ♃. R.

IRIDEÆ Juss. (Gener. 57)

ROMULEA Maratti.

874. R. COLUMNÆ Seb. et Maur. — Pelouses des côteaux. Avril. ♃. — Vieux châteaux de Lehon; écluse de Livet, rive droite; falaises

du littoral par localités à Rotheneuf, Paramé, Dinard, Saint-
Briac, etc. AR.

IRIS Lin. (Gener. 59).

875. I. pseudo-acorus Lin. — Marais, fossés. Avril-juillet. ♃. CC.

876. I. germanica Lin. — Murs, toits. Juin. — Environs de Dinan. —
Fréquent sur les toits des maisons et des fours à Pleudihen;
Saint-Ginoux. R.

877. I. fœtidissima Lin. — Haies, bois secs. Juin-juillet. ♃. — C. vallées du littoral. — AR. à l'intérieur. — Vallée de la Rance, Saint-
Juvat. AC.

AMARYLLIDEÆ R. Brown. (Prodr.).

NARCISSUS Bauh., Lin.

878. N. pseudo-narcissus Lin. — Bois, côteaux. Avril-mai. — Forêt
de Coëtquen, côteaux de la Rance. — C. à Bobital, à Plancoët. AR.

879. N. biflorus Curt. Haies, landes. Avril-mai. ♃. — Champs entre
Lavarde et Rotheneuf, près de Saint-Malo. — Il est impossible
que cette plante ait été introduite; elle couvre une lande qu'on
défriche maintenant (1863), et où l'on peut compter les pieds
par centaines. Chassée par la culture, elle s'est réfugiée dans les
talus où elle est C. sur un grand espace.

GALANTHUS Lin. (Gener. 401).

880. G. nivalis Lin. — Prés, côteaux. Mars. ♃. — C. autrefois sur le
rocher de Dinan. — Détruit par les constructions, il n'est plus
que sur la pente N.-E. enfermée dans la propriété de M. Flaud,
maire de Dinan. Il y est très-abondant entre les rochers.

SMILACEÆ R. Brown. (Prodr.).

ASPARAGUS Lin. (Gener. 424).

881. A. officinalis L. — Prés. Juin-août. — Le littoral où il n'est pas
indigène.

CONVALLARIA Lin. (Gener. 425).

882. C. maialis L. — Bois. Avril-mai. ♃. — La Hunaudais, Lamballe. RR.

POLYGONATUM C. Bauh., Tournef.

883. P. vulgare Desf. — Bois. Juin. ♃. — Trouvé une fois au bois du
Chène à Dinan.

884. P. multiflorum Lin. — Bois. Juin-juillet. ♃. C.

PARIS Lin. (Gener. 500).

885. P. quadrifolia L. — Mai-juin. ♃. — Bois de Coron près de Lamballe. RR.

RUSCUS. C. Bauh.

886. R. aculeatus L. —Bois. Décembre-mars. —Forêts. Juin-août. C.

DIOSCOREÆ R. Brown.

TAMUS Lin. (Gener. 1449).

887. T. communis Lin. — Bois, haies. Mai-juin. ♃. C.

LILIACEÆ. DC. (Th. él.).

ASPHODELUS C. Bauh, pin.

888. A. albus C. Bauh., Wild. — Landes. 1er-15 mai. ♃. — Promontoire du Chêne-Vert en Plouer, où il est très-abondant. — Je ne
crois pas que notre espèce soit l'*A. sphærocarpos* de MM. Grenier
et Godron.

ANTHERICUM Lin.

889. A. planifolium Lin. — Mai-juin. ♃. —Landes; forêt de Coëtquen
au bois de la Rouvraye; landes du cap Fréhel. R.

SCILLA Lin. (Gener. 449).

890. Sc. autumnalis L. — Landes, côteaux. Juin-septembre. ♃. —
CC. région maritime. — PC. sommet des côteaux de la Rance. —
Presque nulle à l'intérieur.

ENDYMION Dumort.

891. E. non-scriptus Lin., *nutans* Dum. — Bois, côteaux. Avril-juin.
♃ CC.
β. *flore albo, foliis pallidis.* — Çà et là. AR.

ALLIUM C. Bauh., Lin.

892. A. ursinum Lin. — Bois frais. Mai. ♃. — Trop abondant à Gril-
mon, près de Dinan; Lamballe (H. de Ferron). R.

893. A. sphærocephalum L. — Côteaux secs. Juin-juillet. ♃. — C. le
littoral, vallée de la Rance.

894. A. vineale Lin. — Côteaux, champs secs. Juin-juillet. ♃. — C.
tout le littoral. AC.

MUSCARI Tournef. (Inst.).

895. M. racemosum Mil. — Lieux sablonneux. Avril-mai. ♃. — Tours
de Dinan. — Il doit avoir été importé.

NARTHECIUM Mæhring.

896. N. ossifragum L. *sub Anther.* — Lieux spongieux. Juillet. ♃. — Loudéac (H. de Ferron). — CC. dans toutes les vallées du Menez à Montcontour, Collinée, Boquien. — Je n'ai pas rencontré le *Colchicum autumnale* L. — Peut-être se trouvera-t-il dans les montagnes. Je l'ai vu à Gevezé et à Saint-Jacques, près de Rennes.

JUNCEÆ DC. (Fl. Fr.).

JUNCUS Lin. (Gener. 437). — Σχοῖνος Diosc.

897. J. maritimus Lin. — Lieux humides où se fait sentir l'influence de la mer. ♃. Juillet. CC.

898. J. conglomeratus L. — Lieux humides. Juin-juillet. ♃. C.

899. J. effusus L. — Lieux humides. Juin-août. ♃. CC.

900. J. glaucus Ehrh. — Lieux humides. Juin-juillet. ♃. C. — Plus C. tout le littoral.

901. J. squarrosus L. — Tourbières. Juin-juillet. ♃. — Le Menez à Collinée. RR.

902. J. acutiflorus Ehrh. — Bords des eaux, etc. Juillet-août. ♃. — CC. varie beaucoup.

903. J. lamprocarpus Ehrh. — Marais. Juin-juillet. ♃. C.
  β. Chaumes flottants.

904. J. obtusiflorus Ehrh. — Tourbières. Juillet-août. ♃. — Tourbières de Châteauneuf où il suit le *Myrica gale* L. — Abondant, mais très-localisé. RR. — Plante presque nulle en Bretagne. Je l'ai reçue des environs de Dol; mais sans localité précise.

905. J. supinus Mœnch., *J. uliginosus* Mey. Juin-septembre. ♃. C.
  β. *fluitans.* — Chaume longuement flottant. AC.
  γ. *repens* Gren., Godr. — Tiges radicantes aux nœuds, et très-feuillées. AC.
  δ. *viviparus.* — Toutes les panicules longuement feuillées. — Fontaines. AC.

906. J. pygmæus Lam. — Lieux humides. Août-septembre. ①. Mai-septembre. — Grand étang de Jugon; étang du Rouvre en Pleugueneuc. R. — M. H. de Ferron me l'a donné de Rennes.

907. J. Gerardi Lois. — Lieux humides du bord de la mer. Juin-août. ♃. — CC. le littoral. — Remonte très-haut dans les rivières; la Rance jusqu'au-delà de Dinan.

908. J. TENAGEIA Ehrh. — Lieux sablonneux. Juin-août. ①. — C. forêt
de Coëtquen, etc. AC.

909. J. BUFONIUS Lin. — Lieux fangeux. Juin-août. ①. — CC. varie
beaucoup.

910. J. HYBRIDUS Brot., Fl. lus.; *J. fasciculatus* Bertol. et Auct. *sub*
J. bufon., v. β.; *J. insulanus* Viv. ? — Lieux humides, surtout
du littoral. Juillet-août. ①. — C. à la Courbure. — AC. région
maritime. — R. ou nul à l'intérieur. — Plante très-distincte de
J. bufonius L. — Je l'ai semée deux ans, et n'ai jamais obtenu
que lui. M. Boreau, 3e éd., p. 607, l'indique en mai-juin; j'ai
remarqué qu'il est plus tardif que le *bufonius*, et ne l'ai jamais
pris qu'en Juillet-août.

LUZULA DC. — *Juncus* LIN., et Auct. plurim.

911. L. PILOSA Lin., *L. vernalis* DC. — Avril-mai. ♃. — Bois. C. —
Je ne connais pas de bois qui ne la possède.

912. L. FORSTERI Smith. — Bois. Avril-mai. ♃. — Forêt de Coëtquen
et de la Hunaudais; bois du val de l'Arguenon, près du Guildo.
— Forêt de Boquien. R.

913. L. MAXIMA DC. — Bois et côteaux. Avril-mai. ♃. — C. tous les
bois des côteaux de la Rance, d'Evran à Saint-Malo; falaise du
Guildo, côteaux de l'Arguenon, bois de Coëllan, vallée de Bobital, bois et vallées de Dombriant, de Beaulieu, etc. — Peut être
considéré au moins comme AC., et peut-être C.

914. L. CAMPESTRIS DC. — Pelouses, talus. Février-avril. ①. CC.

915. L. MULTIFLORA Lej. — Bois, clairières. Mai-juin. ♃. AC.

β. *congesta* Lej. — Landes humides. AC.

CYPERACEÆ — *CYPEROIDEÆ* JUSS.

CYPERUS C. BAUH. et seq. — Κύπειρος DIOSC.

916. C. FLAVESCENS Lin. — Marais. Juin-août. ①. — Vallée de l'E-
chapt. RR.

917. C. FUSCUS Lin. — Marais. Juillet-août. ①. — Prairies de la Richardais, Dinard. AR.

918. C. LONGUS Lin. — Lieux humides. Août-septembre. ♃. — Saint-
Juvat à l'intérieur. — AC. le littoral à Saint-Malo, Dinard, Saint-
Jacut, etc. AC.

SCHŒNUS Lin. (Gener. 65).

919. S. nigricans Lin. — Marais. Mai-juillet. ♃. — Abonde aux tourbières de Châteauneuf; Planguenouel, près de Lamballe (H. de
Ferron). R.

920. S. albus Lin. — Marais tourbeux. Juillet-août. ♃. — Abonde dans
le Menez autour de Collinée et à Boquien; le Pontgant, près de
Loudéac (H. de Ferron). R.

CLADIUM P. Brown.

921. C. mariscus Lin. — Tourbières. Juillet-août. ♃. — Abondant à
l'étang de la Garaye. — C. dans les tourbières de Châteauneuf.
— R. plante très-localisée, mais abondante.

SCIRPUS Lin. (Gener. 67).

922. S. silvaticus Lin. — Bois humides. Juin-juillet. ♃. AC. — Manque
dans certaines vallées.

923. S. maritimus Lin. — Bords des eaux. Juillet-août. ♃. CC.

β. *gracilis* Mihi. — Plante vert clair, élevée, ordinairement en touffes;
feuilles linéaires étroites, moitié moins larges que dans le S. *maritimus;* épis sessiles ou pédonculés, peu nombreux, 2-5, allongés, très-aigus. — C. Port-à-la-Duc, Dahouet, Saint-Briac. Juillet.

γ. *monostachys.* — Tige assez courte, presque toujours solitaire; un
seul épi terminal, quelquefois avec le rudiment d'un second. AC.

924. S. lacustris Lin. — Marais, rivières. Juin-juillet. ♃. CC.

925. S. Tabernæmontani Gmel. — Marais maritimes. Juin-août. ♃. —
AC. sur le littoral. — Remonte la Rance et les autres rivières ou
ruisseaux. — Malgré l'opinion de MM. Grenier et Godron, Fl. de
France, III, page 373, je crois qu'il est difficile de réunir cette
plante à la précédente; il est impossible d'obtenir des S. *lacustris* du S. *Tabernæmontani.*

926. S. setaceus Lin. sp. ! — Lieux sablonneux, humides. Juillet-
août. ①. C.

927. S. Savii Seb. et Maur. — Sources et ruisseaux du littoral. Mai-
août. ①. AC.

928. S. fluitans L. — Mares et marais des landes. Juillet-septembre. ♃. CC.

929. S. pauciflorus Lightf., S. *bœothryon* Ehr. — Marais. Juin-juillet.
♃. — Abondant au marais de Briantais, près de Lancieux. R.

HELEOCHARIS R. Bn. — *Scirpus* Lin. et Auct. plur.

930. H. palustris Lin. — Marais. Juin-juillet. ♃. — CC. variable pour la taille.

β. *planicaulis* Mihi. — Chaumes assez grêles, aplatis, comprimés depuis leur base jusqu'aux deux tiers; intérieur spongieux, à cellules bien plus grandes que dans *H. palustris*; épi plus petit, ovoïde; akênes peu comprimés et presque granuleux; racine rampante, subcespiteuse. Juillet-août. — Marais maritimes. — C. à Saint-Lunaire à l'embouchure du ruisseau; Saint-Jacut. — Forme propre aux terrains salés; facile à distinguer au premier coup-d'œil à ses tiges minces et nombreuses. — Je l'ai recueilli trop tôt. Doit être une espèce.

931. H. multicaulis Sm. — Marais du granit. Juin-août. ♃. — C. à l'intérieur.

932. H. acicularis Lin. — Marais, etc. Juin-août. ①. AC. — C. à Saint-Juvat.

ERIOPHORUM Lin. (Gener. 68).

933. E. angustifolium Roth., *E. polystachyon* α. L. — Marais spongieux. Avril-mai. ♃. — C. couvre les pentes du Menez.

α. Capitules tous longuement pédonculés, excepté celui du centre. C.

β. *Vaillantii* Poit. et T. — Capitules tous plus ou moins sessiles. AC.

934. E. gracile Koch. — Marais tourbeux. Mai-juin. ♃. — Marais de la forêt de Coëtquen, près de Saint-Solin. R.

CAREX Mich.

Gramen cyperoides ejusque species C. Bauh.

A. PSYLLOPHORÆ Lois.

935. C. pulicaris Lin. — Prés spongieux. Mai-juin. ♃. C.

B. SCIRPOIDES Mont.

936. C. divisa Huds., *C. splendens* Pers., *C. cuspidata* Bertol.? *C. schœnoides* Desf. — Marais et prés salés. Mai-juin. ♃. — Abondant à la Courbure, Saint-Malo, etc. AR.

937. C. disticha Huds., *C. intermedia* Good., *C. multiformis* Th., *C. arenaria* Vill. — Prés spongieux. Mai-juin. ♃. — Oseraies de Lehon, vallée du Saint-Esprit. AR.

938. C. arenaria Lin. — Sables. Mai-juillet. ♃. — Tout le littoral. C.

939. C. vulpina L., *C. spicata* Th. — Fossés, marais. Mai-juillet. ♃ . C.

940. C. muricata Lin., *C. canescens* Leers. — Prairies, haies. Mai-juin. ♃ . C.

α. *C. loliacea* Th., *C. contigua* Hop. — Épi compacte ; écailles brunes. C.

β. *C. virens* Lam., *C. divulsa* Gaud. — Épi interrompu ; écailles vertes. — Bois, vallée de la Rance, forêt de Boquien. — R. pourrait être séparé.

941. C. divulsa. Good., *C. canescens* Th. — Bois frais, fossés. Mai-juin. ♃ . PC. — C. à Saint-Juvat.

942. C. paniculata Lin. — Prés spongieux, marais. Mai-juin. ♃ . CC.

β. *canescens* Breb. — Épis serrés, blancs scarieux. — Prés secs. AC.

γ. *subsimplex* Breb. — Épi rameux, brun ou blanchâtre. AC.

943. C. elongata Lin. — Bords des eaux. Mai-juin. ♃ . — Bords de l'Ille à Rennes. — Descendra probablement par le Canal.

944. C. leporina L., *C. ovalis* Good. — Marais, prés. Juin-juillet. ♃ . C.

β. *C. argyroglochin* Hornem. — Épis cendrés. — Landes du moulin Bonnier. R.

945. C. echinata Murr. (1700), *C. stellulata* Good. (1794). — Prés, etc. Mai-juillet. ♃ . CC.

946. C. canescens Lin., *C. curta* Good., *C. cinerea* Poll. — Marais tourbeux. Mai-juin. ♃ . — Forêt de Coëtquen, près de Saint-Solin. RR.

947. C. remota Lin. — Ruisseaux, prés. Mai-juillet. ♃ . CC.

C. CAREX. — EUCARICES Gren. God.

948. C. vulgaris Fries., *C. Goodnovii* Gay., *C. cæspitosa* Good., *C. acuta* et *nigra* L. — Marais, prairies. Avril-mai. ♃ . — Marais de Saint-Briac ; près de la Rance à Lehon. — Couvre tous les prés du Menez.

β. *elatior* — Chaume et feuilles de 4-5 décimètres ; épillets longs et gros ; souche cespiteuse. — Oseraies de Lehon. R.

Aberr. Épillets femelles longs de 5-7 centimètres, à fleurs alternes, filiformes. — Cette déformation se produit après la coupe des prés, en août.

949. C. stricta Good., *C. cæspitosa* Gay., *C. melanochloros* Th. — Avril-mai. ♃ . — Marais de la forêt de Coëtquen, près de Saint-Solin ; étang du Rouvre. — C. aux tourbières de Châteauneuf. — R. plante très-localisée et n'apparaissant en Bretagne que dans les terrains tourbeux ou spongieux profonds.

950. C. ACUTA Fries., *C. gracilis* Curt., *C. virens* Th. — Marais. Mai-
juin. ♃. — Plante polymorphe. — Les écailles des épis femelles
peuvent être un tiers plus courtes que le fruit ou un tiers plus
longues. La forme des marais a les feuilles très-larges, les épis
allongés. Celle des rivières est plus grêle.

951. C. GLAUCA. Scop., *C. recurva* Huds. — Prés humides. Mai-
juin. CC.

952. C. MAXIMA. Scop., *C. pendula* Huds., *C. agastachys* Erh. — Bois
humides. Mai-juin. ♃. — Abondant au bois du Chêne à Dinan;
le Meurtel entre la Saudraie et Port-à-la-Duc. R.

953. C. STRIGOSA. Huds., *C. leptostachys* Ehrh., *C. Godefrini* Willm. —
Bois humides, bords des eaux. Mai-juin. ♃. — Bois du Chêne à
Dinan ; toutes les oseraies de Lehon ; Saint-Juvat et environs,
Saint-Sulliac. AR.

954. C. PALLESCENS Lin. — Bois frais. Mai-juin. — Coëtquen, Dinan,
etc. AC.

955. C. PANICEA Lin., *C. mucronata* Less. — Prés humides. Mai-juin.
♃. C.

956. C. PRÆCOX Jacq. — Prés, pelouses. Mai-juin. ♃. CC.
β *umbrosa* Host. — Feuilles larges, longues, dépassant le chaume. —
Bois. AC.
γ. *C. sicyocarpa* Leb. — fruit en gourde, étranglé au milieu. — Bois
du moulin de la Roche en Plouer. R.

957. C. PILULIFERA Lin., *C. filiformis* Poll. *non* L. — Bois secs, talus.
Mars-mai. ♃. C.
β. Tiges dressées, feuilles très-longues dépassant les épis. — Côteaux
de la Rance à l'écluse de Livet.

958. C. SILVATICA. Huds., *C. patula* Scop., *C. drimeya* Ehrh., *C. capillaris* Th. — Bois frais. Mai-juillet. AC.

959. C. DEPAUPERATA Good., *C. monilifera* Th., *C. ventricosa* Curt. —
Bois couverts. Mai-juin. ♃. — La Courbure à Dinan, rive
droite. R.

960. C. ŒDERI Ehrh. — Lieux humides sablonneux. Mai-septembre.
♃. CC. — Plante très-variable. Voici ses principales formes ici:
α. *Œderi* Ehrh. — Bec de l'utricule droit, court; chaumes raides dépassant les feuilles qui sont raides, droites, d'un vert pâle; épis
femelles courts, réunis 2-3 sous l'épis mâle, avec un 4ᵉ à la base
de la tige. — Mares des landes, bois, bords des étangs, etc. C.

8

(118)

Aberr. Épis femelles géminés, rameux, ou réunis 6-7 au sommet du
chaume. R. — Bords des grands étangs.

β. *pumila* G. et Germ. — Feuilles courtes; chaumes très-courts sor-
tant à peine de la souche; épis femelles 2-4 réunis; bec très-
court, droit. — Bords de l'étang du Rouvre. AR.

γ. Chaumes très-longs, tombants; feuilles plus larges que les chaumes
ainsi que les bractées, molles, d'un beau vert; bec droit, très-
long; utricules inférieurs divariqués. — Prairies fraîches à La
Noë en Évran, Coëtquen, Yvignac, etc. AR. — Il y a des passages
entre toutes ces formes.

961. C. xanthocarpa Degl., *C. fulva* Good ? — Lieux humides, bords
des mares. Mai-juin. ♃. — Ivignac, Coëtquen le Menez. AR. —
Feuillage d'un vert pâle; souche puissante à 4-5 rejets portant
une grosse touffe de feuilles; tige scabre au sommet.

962. C. hornschuchiana Hoppe — Landes, bois marécageux. Mai-juin.
— Forêt de Coëtquen, landes de Plélan, du Menez, etc. AC. —
Feuilles étroites d'un vert glauque, ou foncé; souche grêle;
chaume presque lisse, grêle.

Obs. — Si ces deux plantes sont des formes d'une même espèce, la première
n'est certes pas un hybride; ses utricules ne sont pas toujours stériles; ses
stations ne sont pas semblables; enfin la culture ne les fait pas changer. Reste
à les semer.

963. C. distans Lin. — Prés humides. Mai-Juillet. ♃. — C. en approchant du littoral.—Nul ou très-rare à l'intérieur.—Varie à feuilles
très-étroites; à chaumes grêles ou très-courts, ou filiformes.

964. C. binervis Sm. — Landes humides. Juin-juillet. ♃. — C. à Ivignac; plus rare à Coëtquen et au Menez; ne sort pas des grandes
landes. R.

965. C. extensa Good. — Sources des falaises; marais maritimes. —
C. varie pour la taille.

966. C. punctata Gaud. — Sources des falaises. Juin-juillet. ♃. — Saint-
Briac; falaises de la Rance à la Richardais et en face de Saint-
Servan. R.

967. C. lævigata Sm., *C. biligularis* Dc. — Lieux marécageux des
vallées et des bois. Mai-juin. ♃. — C. presque partout.

968. C. pseudocyperus Lin. — Marais, étangs. Juin-juillet. ♃. —
Vallée de la Rance; bois de la Garaye, Saint-Juval, etc. — AC.
mais peu abondant.

969. C. AMPULLACEA Good., *C. obtusangula* Ehrh., *C. longifolia* Th.,
C. bifurca Schrck. — Lieux tourbeux. Mai-juin. ♃. — Yvignac;
entre Saint-Briac et Lancieux. — C. à Châteauneuf où il atteint
des proportions considérables (1 mèt.) R.

970. C. VESICARIA L. — Bord des eaux, etc. Mai-juin. ♃. — CC. c'est
le plus répandu.

971. C. PALUDOSA Good., *C. acutiformis* Ehrh., *C. rigens* Th. — Marais.
Mai-juin. ♃. — Oseraies de Lehon; Saint-Juvat; vallée de Qua-
tre-Vaux à l'embouchure de l'Arguenon. — R. je l'ai aussi
cueilli à Rennes.

972. C. RIPARIA Curt. — Marais, etc. Mai-Juin. ♃. — AC. par localités.

973. C. FILIFORMIS Lin. — Marais tourbeux. Juin-juillet. ♃. — Tourbières de Châteauneuf où il est très-C., mais où il fleurit
peu. RR.

974. C. HIRTA Lin. — Lieux frais, humides. Mai-juillet. C.

β. *hirtæformis* Per. — Mêmes lieux. R. — Ce beau genre est bien
représenté dans les Côtes-du-Nord; et je crois que l'on pourra
y découvrir encore quelques espèces soit à Châteauneuf, soit à
Trévérien et dans le Menez. Un *Carex* presque sec que j'ai vu
près de Saint-Guinoux, dans une plantation d'aulnes m'a paru
pouvoir se rapporter au *C. Mairii* Coss.; enfin les *C. dioica* Lin,
teretiuscula Good., *limosa* Lin., qui croissent à Brest ou en Ille-
et-Villaine dans un terrain semblable à celui de notre arrondissement, pourront se trouver dans nos limites.

GRAMINEÆ Juss. (Gener.).

A. ORIZEÆ Kunth. enum.

LEERSIA Sol.

975. L. ORIZOIDES Lin. *sub* Phal. — Bords des eaux. Août-septembre.
♃. — La Rance de Dinan à Treverien, étangs de Jugon. R.

B. PHALARIDEÆ Kunth. ibid.

PHALARIS Lin., ex part., Pal. Beauv.

976. PH. CANARIENSIS L. — Champs. Juillet-août. ①. — Naturalisé autour de Saint-Malo.

977. PH. ARUNDINACEA L., *Calam. colorata* DC. — Bords des eaux.
Juin-juillet. ♃. C.

ANTHOXANTHUM Lin. (Gener. 42).

978. A. ODORATUM L. — Prés, côteaux, bois. Mai-juin. ♃. — CC. en
avril sur les côteaux secs.

979. A. PUELII Lec. et Lam., α. *odoratum*, β. *auct. plur.* — Moissons,
lieux secs. Juin-juillet. ①. AC.

β. *minimum* Mihi., *cœspitosum, gracile, culmis numerosis, brevibus,*
2-4 cent. longis, exilibus, procumbentibus, supinis; spica
minima, pauciflora; arista florum longiore. Juin-juillet. —
Côteaux granitiques secs de la vallée de Bobital. Malgré son
singulier mode de végétation, cette plante ne me paraît qu'une
forme de l'*A. puellii* Lec. Ses chaumes grêles et couchés ne se
sont cependant pas relevés par la culture.

PHLEUM Lin. (Gener. 77).

980. P. ARENARIUM Lin. — Mai-juin. ①. — Sables du littoral. C.

981. P. PRATENSE Lin. — Prés. Mai-juillet. ♃. C.

982. P. INTERMEDIUM Jord., Bor. 2632. — Lisières des bois. Mai-juillet.
♃. — AC. sur le littoral.

983. P. PRÆCOX Jord., Bor. 2634. — Pelouses clairières. Avril-août.
♃. AC.

984. P. SEROTINUM Jord., Bor. 2633. — Côteaux. Juillet-septembre. ♃.
AR. — Environs de Dinan; côteaux de la Rance à Saint-Malo,
Rotheneuf; moissons de Plesder.

ALOPECURUS Lin. (Gener. 78).

985. A. PRATENSIS Lin. — Prairies, landes fraîches. Mai-juin. ♃. C.

986. A. AGRESTIS Lin. — Champs. Juin-juillet. ①. — Calcaire de Saint-
Juvat, le littoral, Dinan. AR.

987. A. GENICULATUS. L. — Lieux fangeux, marais. — Mai-août. ①. C.

988. A. FULVUS Sm. — Mêmes lieux. Mai-août. ①. — Les grands étangs,
landes marécageuses. AC.

989. A. BULBOSUS Lin. — Terres salées, prairies. Mai-juillet. — Vallée
de la Rance; çà et là sur le littoral. AC.

C. PANICEÆ Kunth. ibid.

SETARIA P. BEAUV. (Agrost. 51).

990. S. VIRIDIS Lin. — Sables. Juillet-septembre. ①. — Mielles et
champs de Saint-Malo. AR.

PANICUM Lin. (76 part.).

991. P. CRUS-GALLI Lin. — Lieux frais. Juin-septembre. ①. — Lehon
et environs de Dinan ; Saint-Malo. AR.

992. P. GLABRUM Gaud., *P. filiforme* Kœl., *P. humifusum* Pers. — Sables. Juillet-octobre. ♃. — Sables du littoral ; côteaux de la
Rance, etc. PC.

D. SPARTINEÆ Gren. Godr.

SPARTINA Schreb.

993. S. STRICTA Roth. — Vases salées des rivières. Août-septembre. ♃.
— Lit de la Rance à la Richardais et surtout à la Ville-ès-
Nonais. R.

E. ARUNDINACEÆ Kunth. ibid.

PHRAGMITES Trin. — *Arundo* Lin.

994. P. VULGARIS Trin. — Bords des eaux, étangs. Juillet-septembre.
♃. C.
β. *P. variegatus* Lloyd. — Feuilles à rubans verts et blancs. — Marais
à Saint-Briac, où il y en a six ou huit touffes.

F. AGROSTIDEÆ Kunth. ibid.

CALAMAGROSTIS Adans. — *Arundo* Lin.

995. C. EPIGEIOS Lin. — Lieux humides. Juin-août. ♃. — Côteaux et
falaises de la Rance, en face de Saint-Servan, rive gauche. R. —
Je ne connais que cette localité où la plante est, du reste, abondante sur un grand espace.

PSAMMA P. Beauv. (agr.)

996. P. ARENARIA Lin. — Sables. Juin-juillet. ♃. — Tous les sables
maritimes. C. — Une de nos plus belles graminées.

AGROSTIS Lin. (Gener. 80).

997. A. ALBA Lin. — Prés, champs. Juin-juillet. ♃. C.
β· *stolonifera* Lin.? Auct. Gall. — C. dans les blés.
γ· *gigantea* Gand. — Prés humides. Juillet-août. Atteint deux mètres.
— Il est bien difficile d'admettre l'identité de cette plante avec la
première. Cultivée dans un terrain sec, elle devient plus petite,
mais garde toujours un port différent.

998. A. MARITIMA Lam. DC. — Marais maritimes. Juillet. ♃. C.

999. A. VULGARIS With., *α. capillaris* Vill., *α. stolonifera* L.? ex Gren,, God. — Côteaux, champs, etc. Juin-août. CC.

β. *A. dubia* DC. — Glumelle aristée. — Moissons sèches. AR.

γ. *A. pumila auct.* — Landes humides. — Feuilles filiformes. Les fleurs ne sont pas toujours piquées par un insecte ou déformées par un *Uredo* comme on l'a dit.

δ. *A. glaucina* Bast. — Feuilles raides, glauques, panicule étroite. — Landes. AC.

1000. A. CANINA Lin. — Bois frais, lieux où l'eau a séjourné. Juillet. ♃. — Bien moins C. que la précédente. — Abondante sur les grès à Caulnes, cap Fréhel, etc.

1001. A. SETACEA Curt., *A. filiformis* Bast. — Landes. Juillet-août. ♃. — Versant S.-O. du Menez ; forêt de Loudéac. — N'existe pas autour de Dinan. R.

1002. A. INTERRUPTA L. — Sables. Juin-juillet. ①. — Abondante à Saint-Jacut. R.

GASTRIDIUM P. BEAUV. — *Milium* L.

1003. G. LENDIGERUM Lin., *Agr. ventricosa* Gou., *A. panicea* Lam. — Moissons. Juin-juillet. ①. C.

POLYPOGON DESF. —*Alopecurus* L.

1004. P. MONSPELIENSIS L. — Prés humides, sables. Mai-juin. ①. — C. à Saint-Jacut, Saint-Malo, Lancieux ; écluse de Livet à Dinan. AC.

1005. P. LITTORALIS Smith., *P. elongatus* Lag. — Mêmes lieux. Mai-juin. ♃. — De Saint-Jacut à Lancieux. R.

Obs. — Le nom de *polypogon*, formé de deux mots grecs masculins, doit être masculin et non pas neutre. De même *potamogeiton* et tous les autres où entre la terminaison ων. Je n'ai pas trouvé à Cancale le *P. maritimus* W.

G. AVENACEÆ. Kunth., Gren., Godr.

AIROPSIS P. BEAUV.

1006. A. AGROSTIDEA. — Juin-juillet. — Bords des marais. Juin-juillet. ♃. — Couvre tous les bords de l'étang du Rouvre pendant plus d'un kilomètre. R.

AIRA LIN (Gener. 84).

1007. A. CARYOPHYLLEA Lin. — Lieux sablonneux. Juin-juillet. ①. AC.

1008. A. MULTICULMIS Dumort (agr.). — Champs cultivés, jardins, etc. Juin-juillet. ①.—AC. autour de Dinan, jardins de l'Echapt, etc.

1009. A. AGGREGATA Timer. — Pelouses, bords des chemins, etc. Mai-juillet. — AC. répandue sur le littoral.

β. *Sabulosa*. — Je lui rapporte comme variété la plante qui croît en abondance sur les talus du littoral. Les fleurs sont nombreuses, plus petites, plus serrées ; les chaumes courts, en touffes épaisses, quelquefois couchés ou courbés ; l'arête très-fine et assez longue. — Elle est C. sur tous les sables, dans les chemins, etc. Mai-juillet.

1010. A. PRÆCOX Lin. — Côteaux, pelouses. Avril-mai. ①. CC.

1011. A. CÆSPITOSA Lin. — Prés, bois, landes. Juin-juillet. ♃. — CC. n'atteint qu'un décimètre dans les landes sèches.

1012. A. ULIGINOSA Weihe., *A. discolor* Th. ? — Landes humides, prés tourbeux. Juillet-septembre. ♃. — C. dans les landes de Saint-Solin, landes de l'étang de la Ville-neuve à Yvignac, landes de Plélin. AR. — M. Boreau, 3ᵉ éd., p. 704, distingue l'*A. discolor* Th., *A. montana* Lois. de l'*A. uliginosa* Weihe, par la 2ᵉ fleur de l'épillet dépourvue de support, et ses proportions plus grandes. Notre plante semblerait se rapporter malgré ses grandes proportions à l'*A. uliginosa* et non à la *discolor* Th.; dans la plante d'Yvignac le support de la 2ᵉ fleur est peu sensible.

Obs. — L'*A. flexuosa* manque dans nos régions.

AVENA Lin. (Gener. 91).

1013. A. SATIVA Lin. — Généralement cultivée et subspontanée. — C. Juin-juillet.

1014. A. ORIENTALIS Schrb. — Cultivée à Plouer et sur le littoral. R.

1015. A. STRIGOSA Schrb. — Moissons. Juin-juillet. ①. — AC. dans les moissons ; quelquefois plus C. dans les avoines que l'*A. sativa* elle-même.

1016. A. BARBATA Brot. (1804)., *hirsuta* Roth. Cat. B. 1806.—Falaises, côteaux. Juin-juillet. ①. — Falaises du littoral à Saint-Coulomb, Rotheneuf, Dinard. — C. à Saint-Jacut. AC.

1017. A. FATUA Lin. — Moissons. Juin-juillet. ①. CC. — Connue sous le nom de *hâvron* ou *hannevron*; elle détruit parfois des champs de blé entiers. Elle porte le même nom et produit les mêmes ravages que l'*Arrh. bulbosum*.

1018. A. PUBESCENS Lin. — Sables. Mai-juin. ♃. — C. à Dinard ; mielles
et falaises de Saint-Malo où il est plus R. — C. à Saint-Jacut et à
l'île des Ebiens ; Dahouet. AR.

ARRHENATERUM P. BEAUV. — *Avena* LIN.

1019. A. ELATIUS Lin. — Champs, moissons. Juin-juillet. ♃. — Saint-
Juval, parc du Hourmelin près de Lamballe. Cette plante me
semble étrangère au granit ; je crois qu'elle a été importée aux
localités où je la signale. Beaucoup d'auteurs, surtout ceux qui
ont étudié sur le sec, la réunissent à l'*A. bulbosum* Willd.

1020. A. BULBOSUM Willd. — Moissons, etc. Juin-juillet. ♃. CC.

TRISETUM PERS.

1021. T. FLAVESCENS Lin. — Champs secs, prés. Juin-juillet. ♃. C. —
plus C. dans la région maritime.

HOLCUS L. (Gener. 1446).

1022. H. LANATUS L. — Prés, bois. Juin-août. ♃. CC.

1023. H. MOLLIS L. — Prés, pelouses, etc. Juin-août. ♃. — Moins
C. — Très-abondant en Lehon, Saint-Carné, Saint-Juval. —
Manque dans le granit ancien.

KÆLERIA PERS (Syn. 97).

1024. K. ALBESCENS Dc. — Sables. Juin. ♃. — Sables maritimes AC.

1025. K. GRACILIS Pers. — Sables. Juin-juillet. ♃. — Sables maritimes.
— Quelquefois mélangée à la précédente. — Dans les petits in-
dividus il n'est pas toujours facile de distinguer ces deux plantes,
qui ont la même station. — La *K. cristata* L., qui les comprenait jadis, n'existe pas dans nos contrées ; elle diffère des deux
nôtres par les glumes rudes, ponctuées et ciliées sur la carène.
(V. Bor. p. 717).

CATABROSA P. BEAUV. (Agr.)

1026. C. AQUATICA L. *sub. Aira.* — Mares, marais. Juin-juillet. ♃. —
C. ruisseaux et marais du littoral. — R. à l'intérieur ; Étangs
de Beaulieu, de Jugon et du Rouvre. AC.

II. FESTUCACEÆ KUNTH. ibid.

GLYCERIA R. BROWN. — *Festuca* L.

1027. G. FLUITANS Lin. — Mares, fossés, etc. Mai-septembre. ♃. CC.

1028. G. AQUATICA Lin., *G. spectabilis* Mert. et K. — Bord des eaux. Juillet-août. ♃. C.

1029. G. MARITIMA Huds. — Vases maritimes. Juillet. — C. partout où la mer atteint.

1030. G. DISTANS Lin. — Marais et vases salées. Juin-juillet. ♃. C.

1031. G. PROCUMBENS — Sables humides. Mai-juillet. ♃. — C. à Dinan. — AC. sur le littoral et par localités seulement ; Saint-Jacut, Saint-Malo, etc. AC.

POA LIN. (Gener. 33).

1032. P. ANNUA Lin. — Partout et toujours — Une des rares plantes qui n'ont pas de synonymie.

1033. P. NEMORALIS Lin. — Juin-août. ♃. C. — Plante polymorphe.

α. *P. debilis* Thuillier. — Quand elle vient sous bois. — AC. dans les lieux frais.

β. *rigidula.*, *P. firmula* Gaud. ? — Gaînes très-rudes. — Murs, rocailles, etc. C.

1034. P. BULBOSA Lin. — Lieux secs, prés, murs. Mai-juin. ♃. AC.

β. *vivipara.* Auct. — Murs, talus, sables. CC.

1035. P. PRATENSIS Lin. — Prés, bords des chemins. Mai-juin. ♃. C.

β. *P. angustifolia* L. — Sables. — Le littoral. PC.

1036 P. TRIVIALIS Lin. — Champs, bords des eaux. Juin-juillet. ♃. C.

BRIZA LIN. (Gener. 84).

1037. B. MEDIA Lin. — Champs, prés, etc. Juin-juillet, ♃. AC.

β. *pallescens.* — Epillets blancs. — Prés humides de Saint-Juval et du Menez.

1038. B. MINOR Lin. — Moissons, sables. Mai-juillet. ①. C. — Plus C. sur le littoral où elle habite aussi les prés humides.

MELICA LIN. (Gener. 82).

1039. M. UNIFLORA Retz. — Bois couverts, surtout dans le granite. Mai-juin. ♃. C.

SCLEROPOA Gris.

1040. S. LOLIACEA Huds. *sub.* Poa, Trit. *rottbolla* DC. — Sables maritimes. Mai-juin. ①. AC.

DACTYLIS LIN. (Gener. 86).

1041 D. GLOMERATA. Lin. — Prés, champs. Juin-août. ♃. C.

β. *hispanica.* Auct. plur. *non* Roth. — Falaises du littoral. C.

(126)

MOLINIA Schranck. — *Melica* Lin.

1042. M. cærulea Lin. *sub Melic.* — Bois et landes humides. Juin-septembre. ♃. C.

DANTHONIA Fl. Fr.

1043. D. decumbens Lin. *sub. fest.* — Prés secs, pelouses. Juin-juillet. ♃. C.

CYNOSURUS Lin. (Gener. 87).

1044. C. cristatus L. — Prés secs, sables. Juin-juillet. CC.

1045 C. echinatus L. — Falaises du littoral. Mai-juin ①. — C. par localités de Dahouet à Saint-Coulomb. — Abondant à Lavardé près de Saint-Malo. AC.

VULPIA Gmel.

1046. V. pseudo-myuros Soy. Wil.—Lieux sablonneux. Mai-juin. ①. CC.

1047. V. sciuroides Roth., *Fr. Bromoides* Sm. — Murs, talus, sables. ①. Mai-juin. C.

1048. V. myuros Lin., *F. ciliata* Pers. et Auct. — Sables. Mai. ①. — Sables maritimes de Saint-Lunaire ; digue et sables de Saint-Jacut. R.

1049. V. bromoides Lin. ? *F. uniglumis* Sol., *in Ail. et Auct. rec.*, *F. membranacea* Link. — Sables. Mai-juin. ①. — C. de Saint-Coulomb à Dahouet.

FESTUCA Lin. (Gener. 88).

1050. F. tenuifolia Sibth., *F. capillata* Lam., *F. ovina* Auct. Gall. plur. *non* L. — Bois, côteaux. Mai-juillet. ♃. — CC. Varie beaucoup pour la forme de la panicule.

1051 F. duriuscula Lin., *F. stricta* Host, — Sables, côteaux. Mai-juillet. ♃. — C. sur le littoral, surtout,

α. *genuina*. Gren. Godr. — Feuilles vertes, lisses ; épillets glabres.

β. *hirsuta* Gren., Godr. — Épillets velus.

γ. *marina* Mihi. — Feuilles d'un glauque bleuâtre, fermes, raides, lisses, épaisses, courtes et contournées ; épillets bleuâtres ou violâtres, glabres ou pubescents. Forme des rochers maritimes et des falaises.

1052. F. rubra Lin., *F. heteromalla* Pourr. — Prés, bois, sables. Mai-juin. ♃. C.

α. *genuina* G. God. — Épillets glabres.

β. *pubescens* G. Godr. — Épillets pubescents.

1053. F. HALMYRIS Mihi. — Sables maritimes que la mer atteint. Juin-
août ♃. — Saint-Jacut, Dinard, Rotheneuf, et puis çà et là sur
les plages. AC. — Cette plante me semble bien distincte de la *F.
rubra*. Je l'ai cultivée trois ans dans un terrain qui n'est pas le
sien ; ses caractères se sont exagérés, mais n'ont pas changé. Je
l'ai semée, mais je n'ai pas obtenu le résultat que j'attendais,
ayant été obligé de changer de résidence. Elle croît aussi dans
les roches et alors elle ressemble un peu à la *F. duriuscula.*, *F.*
γ. *marina.*

*Cæspites laxi, stolonibus brevibus, radicibus nigris numerosis ; folia
inferiora linearia cylindrico-sulcata vel subulata, superiora subulata,
cuspide obtusa, truncata, e viridi obscura vel glauscescentia, lucida, lævia.
Culmi rigidi nodo nigro, sulcati æquè ac vaginæ, foliis duobus brevibus
quorum superius paniculam fere tangit vel ab ea 3-4 centim. remotum est.
Vagina superior 2-3-plo folio longior. Ligula brevissima, in duas auri-
culas laterales dilatata, panicula recta, extremitatibus attenuata ; axis,
pedicelli floresque asperi. Verticilli inferiores pedicellis duobus quorum
alter brevis et 1-2 spiculas ferens ; superiores pedicello unico ; spiculæ 4-7
floræ ; flores glabri, arista brevi tertiam partem floris æquante ; glumæ
glumellæque glabræ, lucidæ violaceo-virides vel e cæruleo glaucescentes.*

Diffère de la *F. rubra* L. par ses chaumes feuillés, plus courts, par
son port, sa couleur ; par ses fleurs plus petites, plus longues ; ses racines noires, ses touffes lâches et non épaisses gazonnantes ; ses feuilles
carénées, subulées, etc.

1054. F. ARENARIA Osbeck., *F. sabulicola* L. Duf., *F. juncifolia* St.-A.,
F. dumetorum M. — Sables maritimes de Dahouet à Saint-Coulomb. Juin-avril. ♃. C.

1055. F. ARUNDINACEA Schreb. *F. phœnix* Vill. — Prés humides. Juin-
juillet. ♃.—La Courbure à Dinan; la Rance à Lehon; marais de
Saint-Jacut et les falaises humides ; Rotheneuf; Châteuneuf. AR.

1056. F. PRATENSIS Huds., *F. elatior* L. — Prairies, landes. Juin-juillet.
AC. — C. à Saint-Juvat.

BROMUS LIN. (Gener. 89).

1057. B. TECTORUM Lin. — Sables. ①. — Lehon, prairies artificielles.
— Cette plante a dû être importée avec les graines des fourreges,
elle pourra peut-être se répandre ; mais je ne l'ai pas vue ailleurs
que dans sa localité.

1058. B. sterilis L. — Lieux incultes, murs. Juin-juillet. ①. CC.

1059. B. maximus Desf., non *B. Gussonii* Parl. — Talus, sables. Mai-
Juillet. ①. — C. sur tout le littoral, où il est quelquefois nain,
à tiges de 1-3 centim., à 1-3 épillets de 2-5 fleurs. — Moins C.
à l'intérieur : Dinan, etc. AC.

1060. B. diandrus Curt., *B. polystachyus* DC., *B. madritensis* Lin. ?? —
Sables, murs. Mai-juin. ①. — C. sur tout le littoral. — R. à l'intérieur ; murs de Dinan, etc.

1061 B. giganteus Lin. — Bois ombragés. Juin-juillet. ♃. — Bois du
Chêne et la Courbure à Dinan ; Saint-Jacut près du moulin ; forêt
de Boquien. R.

1062. B. asper L., *B. nemorosus* Will. — Bois. Juin-juillet. ♃. — AC.
dans les bois des côteaux de la Rance ; bois de la Garaye ; bois
de Rougé à Saint-Juvat. AR. — (*Serrafalcus* Parl., Gren., Godr.).

1063. B. secalinus Lin. — Moissons. Juin-juillet. ①. AC. — Plante variable.
β *velutinus*. — Trouvé une fois à Saint-Jacut. R.

1064. B. arvensis Lin. — Moissons. Juin-juillet. ①. — Dinan, Bords
de la Rance — C. à Saint-Juvat et au Quiou ; Saint-Malo. AR. —
Cette plante semble bien mieux placée à côté des *B.* asper et gi-
ganteus. Dans les travaux récents le *B. giganteus* est devenu une
festuca, et le *B. arvensis* un *serrafalcus*.

1065. B. commutatus Schrad., *B. racemosus* Auct. Gal., *non* L. — Prés
humides. Juin-juillet. ②. — AC. dans les prés du littoral. — Plus
R. à l'intérieur dans les prés humides ou inondés ; à Morieux
dans la prairie inondée de l'étang il offre une forme remarquable :
ses tiges ont 1^m-1^{m}20 de hauteur, et les verticilles inférieurs de
la panicule sont fortement réfléchis. Je n'ai rien vu qui pût se
rapporter au *B. racemosus* de Suède ; le *B. racemosus* des auteurs
français n'est autre que le *B. commutatus* Sch. — Voir *Fries
herbar. norm.* et Gren., Godr., p. 590, III.

1066. B. hordeaceus Lin. *non* Gmel., *B. Thominii* Bréb., B. *arenarius*
Thom. — Mai-juin. ① et ②. — C. par localités sur les plages
de Dahouet à Saint-Coulomb. — Cette espèce, établie par Linné,
acceptée par MM. Grenier et Godron, a été laissée de côté par les
botanistes ; elle est cependant tout-à-fait distincte ; je l'ai semée
trois ans de suite et elle n'a pas changé. Voici sa description :
*Bromus panicula ovali, compacta, rigida, interdum basi interrupta ;
pedicellis brevissimis, incrassatis, rigidis, inferioribus geminatis inæqua-*

libus; spiculis ellipticis aut ovatis, acutis, glaberrimis, lucidis, coriaceis, margine membranaceis, dorso aliquando, sed rarissime, pubescentibus, ex albo virescentibus, glumis ovatis nervatis; arista flexuosa glumella breviore, dentibus lucidis prædita.

Foliis mollibus, latis, pubescentibus, fere villosis; culmis vaginisque villosissimis, inferioribus rubescentibus; culmis pluribus cæspitem effor- mantibus non adhærentibus, basi prostratis dein subito ascendentibus.

Planta si seritur februario mense, tantum sequente anno; si septembri vel octobri, junio et julio sequentibus, ut in maritimis plagis, floret.

1067. B. MOLLIS L. — Prés, sables, etc. Mai-juillet. ①. CC. — Varie beaucoup.

    β. *confertus* Mihi., β. *compactus* Bréb. *ex parte?* — Panicule ovale, droite, resserrée.; épillets à rameaux plus courts qu'eux. — Sables du littoral et terrains très-secs. Il faut ranger sous ce nom tous les appauvrissements du *B. mollis.* On le trouve quelquefois à panicule réduite à 1-3 épillets. On remarque la même chose pour le précédent. J'ai semé toutes ces formes.

1068. B. FERRONII Mihi. — Sables. Juin. ① et ②. — Saint-Malo, Lavarde, Dinard, Saint-Jacut. — AR. Quelquefois sur les falaises, Dinard, Dahouet. — J'ai cultivé cette espèce pendant cinq ans consécutifs et ne l'ai vue varier que de taille; aucun de ses caractères ne s'est affaibli ou transformé. Dans l'état sauvage il est parfois très-petit et sa panicule très-appauvrie l'a fait confondre avec les formes du *B. mollis;* peut-être M. de Brébisson en a-t-il vu quelques échantillons, quand il a fait sa variété β. *compactus* du B. *mollis.* Les épillets, quelle que soit la taille de la plante, conservent toujours leur grosseur; ils sont le double de ceux des espèces voisines, ovales allongés, obtus. — Le *B. ferronii* croît sur le sable, mais il préfère les pentes des falaises où les eaux de l'hiver ont amassé du gravier, les fentes des rochers où il y a de la terre, etc.

Bromus culmis vaginisque mollibus, lanatis, basi violaceis, foliis in- ferioribus latis, crassis, velutinis, villosissimis, e viridi griseis su- perioribus latis, brevibus. Culmis cylindricis, robustis, rigidis. Pani- cula per anthesim laxa, recta, deinde contracta, rigida; verticillis parum distantibus ita ut rarissime spatium quod primum inter et secundum est, longitudinem spiculæ æquet. Pedicellis crassis, rigidis, brevissimis, semper fere simplicibus. Spiculæ ex ovato-lanceolatæ, longæ, tumentes, acutæ, villosæ, tactu mollissimæ, dimidio quam in B. molli majores. Si colitur, major et maximus evadit, panicula ampla, compacta, ovali, cinerea, spiculis maximis, culmo semper recto. Ligula sat longa, laciniata longe ciliata ; arista subflexuosa glumella breviore, non ut in B. molli dentibus lucidis utrinque prædita, sed pilis sat longis basi densioribus.

Species a vicinis longe diversa foliorum vestimento, culmis velutinis vaginisque, aristæ pilis et florum villositate. Radix annua, et biennis, si plantæ serius germinant.

I. TRITICEÆ Godr., Gren.

HORDEUM Lin. (Gener. 98).

1069. H. vulgare L. — Mai-juin. ① et ②. — Cultivé assez rarement.

1070. H. distichum L. — Mai-juillet. ①. — Généralement cultivé sous le nom de paumelle.

1071. H. murinum Lin. — Lieux incultes. Mai-juin. ①. CC.

1072. H. pratense Huds. — Prés. Juin-juillet. ②. — C. par localités, le littoral ; vallée de la Rance, Saint-Juvat. — Plus R. ailleurs.

1073. H. maritimum With. — Lieux humides des sables maritimes. Mai-juin. ①. — C. par localités. C. à Saint-Jacut. — R. à Dahouet et au cap Frehel ; Rothéneuf, Saint-Colomb AR.

ELYMUS Lin. (Gener. 96).

1074. E. arenarius L. — Sables. Juillet-août. ♃. — Naturalisé sur un grand espace en avant de la plage de Saint-Lunaire. — Fleurit rarement.

SECALE Lin. (Gener. 97).

1075. S. cereale L. — Cultivé en grand. — R. à l'intérieur. — Fréquent sur le littoral.

TRITICUM P. Beauv., Lin.

1076. T. vulgare Vill. — Cultivé en grand. — Les autres espèces ne sont cultivées qu'accidentellement.

AGROPYRUM P. Beauv. (Agr.).

1077. A. junceum Lin. — Sables. Juin. ♃. — Sables du littoral. C.

1078. A. acutum Rem. et Sch., DC. — Sables maritimes. Juin-juillet. ♃. — AC. sur les sables de tout le littoral ; manque sur quelques plages.

1079. A. **pungens** Pers. — Sables maritimes. — Plus C. que le précédent; couvre tous les talus des défrichements à Saint-Lunaire. Juin-juillet. ♃.

1080. A. **pycnanthum** Godr. et Gren. — Sables maritimes. — C. à Saint-Malo; puis çà et là; quelquefois remplacé par l'un des deux précédents, comme à Biorre, près de Saint-Jacut.

1081 A. **campestre** Godr., Gren. — Sables maritimes, Mai-octobre. C. — Il doit y avoir au moins deux espèces confondues sous ce nom.

1082. A. **repens**. Lin. — Sables, talus, etc. Mai-juin. ♃. — CC. varie beaucoup.

α. *subulatum* Schr. — Glumelles mucronées.

β. *Vaillantianum* Bor. — Arêtes longues.

γ. Feuilles et chaumes glauques ; épi grêle, allongé, à fleurs sur deux rangs, aristées ou mutiques. — C. dans les vallées qui vont à la mer. — Presque nul sur le littoral ; nul à l'intérieur.

1083. A. **caninum** L. *sub Elym*. — Fossés, haies fraîches. Juin. ♃. — Saint-Juvat. R.

BRACHYPODIUM P. BEAUV. (Agr.).

1084. B. **silvaticum** DC. — Bois, haies, etc. Juin-août. ♃. CC.

1085. B. **pinnatum** L. *sub Brom*. — Bois, côteaux. Juin-août. ♃. — Saint-Juvat et environs ; le littoral, de Saint-Cast à Erquy, Lavarde, etc. AR.

β. *corniculatum*. — Épillets longs courbés en faux. — Saint-Juvat R.

LOLIUM Lin. (Gener. 95.).

1086. L. **perenne** Lin. — Prés chemins. Juin-octobre. ♃. CC.

β. *cristatum* Pers. — Épi ramassé, et devenant scorpioide ou en éventail. — La Courbure à Dinan ; Saint-Malo. AR.

γ. *furcatum* Billot. — Épilets arqués en dehors. — La Courbure à Dinan. — Cette forme répond à la forme β. *corniculatum* du *B. pinnatum* L.

1087. L. **italicum** Braun., *L. Boucheanum* Kunth. — Juin-octobre. ♃. — Prairies de Lehon ; vallée de la Rance ; Saint-Malo, etc. — A dû être introduit avec les prairies artificielles.

1088. L. **multiflorum** Lam. — Moissons, etc. Mai-juillet. ①. — AC. sur tout le littoral ; un peu moins C. à l'intérieur, ou par localités : Plesder, Saint-Juvat et Trévérien ; Dinan, Beaulieu, etc. AC.

1089. L. TENUE L. — Champs, chemins des bois. Mai-juin. ①. — Forêt de Coëtquen et environs. R.

1090. L. RIGIDUM Gaud. — Moissons et champs de lin. Mai-juin. ①. — Champs de lin à Bobital ; moissons du Hinglé. R.

1091. L. LINICOLA Sond. — Champs de lin. Juin-juillet. ①. — C. à Châteauneuf. R.

1092. L. TEMULENTUM Lin. — Moissons. Juin-juillet. ① — AC. sur le littoral. — Beaucoup plus R. dans l'intérieur. AR.

1093. L. ARVENSE With., *L. speciosum* Bieb. — Moissons. Juin-juillet. ①. — AC. çà et là. — Plus abondant dans la contrée maritime.

NARDURUS Reich.

1094. N. TENUIFLORUS Schrad., Koch. — Côteaux secs. Mai-juin. ①. — Côteaux de la Rance à Taden et à la Courbure. RR.

1095. N. POA DC., *sub Trit.* — Côteaux schisteux ou granitiques. Mai-juin. ①. — AC. toute la vallée de la Rance de Dinan à la mer ; Caulnes, Bobital. AC.

1096. N. TENUICULUS Lois., *sub* Tritic. — Côteaux, rochers. Mai. ①. — Côteaux de la Rance et à l'écluse de Livet. R. — MM. Grenier et Godron, Fl. de Fr., pag. 616-617, réunissent ces deux dernières plantes ; en outre ils prennent l'occasion de la création d'un nouveau genre pour changer tous les noms reçus et sur lesquels les auteurs s'entendent parfaitement. Que devient la loi de priorité ?

J. ROTTBOELLIACEÆ Kunth.

LEPTURUS R., Br.

1097. L. INCURVATUS. Tr., L. fil. — Sables et vases maritimes humides. Mai-juillet. ①. — AC. en approchant de la mer ou dans les vallées qui y mènent.

1098. L. FILIFORMIS Trin. — Mêmes lieux. Mai-juin. ①. — C. à Saint-Jacut, port à la Duc, etc. AC. — Cette espèce paraît bien distincte.

NARDUS Lin. (Gencr. 69).

1099. N. STRICTA Lin. — Landes, côteaux. Juin-juillet. ♃. — AC. dans les landes humides ; couvre les landes de la forêt de Pontual, et y forme quelquefois la seule végétation. C.

CLASS. III^a — CRYPTOGAMÆ VASCULARES.

FELICINÆ Juss. (Emend.)

OPHIOGLOSIM Lin.

1100. O. **vulgatum** Lin. — J'ai vu des échantillons secs, cueillis dans l'île de Pontperrin ; mais je ne l'ai jamais trouvé moi-même. RR.

OSMUNDA Lin.

1101. O. **regalis** Lin. — Bois humides, spongieux. — Loudéac (H. de Ferron 1860), forêt de Boquien près de Collinée au Cas des Noës. R.

CETERACH C. Bauh., *pin.*

1102. C. **officinarum** DC., *Asp. celerach* L. — Vieux murs, rochers. Juillet-octobre. ♃. — Remparts de Dinan ; rochers de la Courbure, du Chêne-Vert, Saint-Juvat, etc. PC. — Le *Grammitis leptophylla* L., croît dans le Finistère ; il se rencontrera peut-être dans l'O. de l'arrondissement.

POLYPODIUM C. Bauh. pin., Lin.

1003. P. **vulgare** Lin. — Murs, souches, rochers. Juillet-janvier. ♃. CC. β. *serratum* DC. — Segments, longs, lancéolés, dentés. — Vallée de la Rance. R. — J'ai en vain cherché dans les environs de Saint-Malo et de Cancale, le *Pol. dryopteris* L., trouvé jadis par MM. Delise et Godefroi. La plante a-t-elle disparu ou a-t-elle été indiquée par erreur ? V. Lloyd, Fl. O., p. 554. M. de Brébisson la signale dans la Manche.

ASPIDIUM Swartz.

1104 A. **angulare** Kit. — Bois, côteaux. Juin-septembre. ♃. — CC. atteint jusqu'à 1 mètre.

POLYSTICHUM Roth. (Germ. 111).

1105. P. **oreopteris** DC. — Côteaux. Juin-septembre. ♃. — Abondant dans la vallée de l'Échapt, près de la Nourraie. — C. à Collinée et dans le Menez. R.

1106. P. **thelypteris** Lin. — Marais. Juillet-septembre. ♃. — Bois de la Garaye, près du ruisseau. R.

1107. P. FILIX-MAS. — Bois, haies. Août-septembre. ♃. Variable. — C. partout. — La monstruosité suivante mérite d'être décrite.

Aberr. *Quercifolium* Mihi. — Fronde simplement ailée, à segments assez longs, 8-12 cent., les inférieurs presque pinnatifides, les supérieurs sinués, tous à base très-large. C'est exactement la forme du *P. cristatum* Roth. — Cette monstruosité se rencontre çà et là dans les vallées humides. J'ai planté la souche et obtenu le *filix-mas* ordinaire.

1108. P. SPINULOSUM DC. — Marais, bois humides. Juin-octobre. ♃. — CC. plante très-variable atteignant jusqu'à 1ᵐ 50. Voici ses prin-cipales formes.

α. Forme des marais et lieux découverts. — Fronde de 20 à 40 cen-timètres. ; triangulaire ; lobes distincts réunis seulement à la base, fortement aristés ; la plante est très-souvent d'un vert jaune. Ce n'est pas, je crois, le *P. dilatatum* Sw.

β. Forme des bois humides, couverts. — Hauteur, 0ᵐ50 à 1ᵐ50 ; vert foncé, lobes élargis, mutiques ou fortement aristés, quelquefois sur le même pied ; segments inférieurs égaux aux moyens et donnant à la fronde une circonscription lancéolée. — Est-ce la *Var. β. muticum* A. Braun ?

γ. Forme des marais ombragés, des grands bois. Fronde très-ample donnant un grand triangle assez régulier de 0ᵐ50ᶜ à 0ᵐ80ᶜ. Molle, très-verte, à segments très-longs, à dents mutiques. Vient sur les vieilles souches. — Cultivé, le *P. spinalosum* prend une hau-teur moyenne de 0ᵐ 50ᶜ à 0ᵐ 60ᶜ et se rapproche de la forme B.

ATHYRIUM Roth., (Germ.).

1109. A. FILIX-FŒMINA L. — Lieux frais. Juillet-septembre. ♃. CC.

β. *trifidum* Roth. — Lobes à trois dents seulement ; plante peu élevée. — Côteaux ombragés. AC.

γ. *molle* Roth. — Fronde très-grande, vert pâle, lobes sinués. C.

δ. *A. filix-fœmina* Leseblii, Mér. *A. acrostichoïdeum* Bory ?

Fronde lancéolée étroite, à segments espacés, contournés sur le pé-tiole, jaune pâle ; pétiole presque nu, cylindrique, luisant. Lobes à dents obtuses, pliés, crispés même avant la fructification et tout-à-fait recouverts à la maturité par les sores qui sont confluents. — Fructifie un mois avant le type et se flétrit dès le mois de juillet. — Vallée de l'Échapt, de Bobital ; route de Dinard, étang de Beaulieu. — AR. semble une espèce bien séparée.

ASPLENIUM Lin. (Gener. 1178).

1110. A. ADIANTHUM-NIGRUM Lin. — Haies, rochers, etc. Juin-septembre. ♃ . C.

1111. A. LANCEOLATUM Smith. — Rochers. Juillet-octobre. ♃ . — Toute
la vallée de la Rance, dans le granite; Lehon dans le quartz;
Jugon AC.

Deux formes :

1° Frondes de 0ᵐ20ᶜ à 0ᵐ50ᶜ; droites, verticales, d'un beau vert à
lobes réguliers, larges. — Rochers, bois, etc.

2° A. *obovatum* Viv. ? — Pétiole épais, court, contourné, très-fragile.
Lobes enroulés, crispés. — Vieux murs. — Lanvallay, écluse de
Livet; Landboulou AR.

1112. A. MARINUM Lin. — Rochers des falaises. Juillet-septembre. ♃ .
— Dahouet, cap Fréhel, Saint-Briac, Lancieux, Lavarde R.

1113. A. RUTA MURARIA Lin. — Murs, rochers. — Tout l'été. ♃ . AC.

1114. A. TRICHOMANES Lin. — Murs, rochers, talus. Juin-janvier. CC.

SCOLOPENDRIUM Smith., (Act. Taur.).

1115. Sc. OFFICINALE Sm. — Roches humides, vallées fraîches, puits.
Juillet-octobre. ♃ . AC.

β. *crispum*. — Bords de la fronde ondulés, crispés. — R. Les jardi-
niers ont exagéré cette forme et elle finit par ressembler à une
feuille de chou.

γ. *furcatum*. — Fronde terminée par deux lobes divergents; les sores
sont disposés sur deux lignes, qui suivent le bord de la feuille et
se bifurquent au sommet. Ceux de l'extrémité forment un angle
dont le sommet est tourné vers le point de bifurcation. On reproduit cette forme avec les sores de l'angle supérieur. — Landboulou, Taden, etc. R.

BLECHNUM Roth.

1116. B. SPICANT Lin. — Côteaux, bois du granite. Juillet-septembre.
♃ . CC.

PTERIS Lin. (Gener. 1174).

1117. P. AQUILINA Lin. — Landes, haies, bois. Juillet-septembre. ♃ . C.

β. *ligulata* de Bréb. — Segments à 4 ou 5 dents à la base, terminés
par une longue languette entière. AC.

γ. *undulata* Breb. — Segments larges, sinués, dentés. — Çà et là. R.
On peut espérer de trouver l'*H. tundbridgense* Sm. Il existe dans
le Finistère. Je le chercherai dans le Menez.

EQUISETACEÆ Rich. DC. Fl. fr.

EQUISETUM Lin. (Gener. 1169).

1118. E. arvense Lin. — Lieux sablonneux. — Tige fertile. Mars-avril.
♃. — PC. à l'intérieur. — C. sur les dunes.

1119. E. telmateja Ehrh., *E. eburneum* R., *E. fluviatile* Dub. — Marais. — Tige fertile. Avril. ♃. — Abondant dans les landes humides, près de Languenan. RR. — *E. fluviatile* Lin. semble bien cette espèce, et l'on devrait préférer ce nom.

1120. E. limosum Lin. — Marais. Juin-juillet. ♃. — C. Ses tiges finissent par combler les étangs.

β. *polystachion* Breb. — La Chesnaye. R.

1121. E. palustre Lin. — Marécages. Juin-juillet. ♃.

β. *polystachion* Ray. — Çà et là. AC.

MARSILEACEÆ Rob., Brown.

PILULARIA Vail.

1122. P. globulifera Lin. — Fond des étangs, mares des landes. Mai-septembre. ♃. C.

β. *natans* Mér. — C'est la forme des eaux dont le niveau ne baisse pas. — Le *M. quadrifolia* L. croît à Redon ; on pourrait peut-être le trouver dans le midi de l'arrondissement. — Je n'ai pas rencontré non plus d'*Ysoetes*.

LYCOPODIACEÆ Rich. DC. Fl. fr.

LYCOPODIUM Lin. (Gener. 96?).

1123. L. clavatum Lin. — Côteaux, bruyères. Juillet-octobre. ♃. — La Chesnaye, dans la forêt de Coëtquen. — Vallée de l'Échapt, RR. — Il y a une tradition populaire sur cette plante, que les paysans appellent *herbe de retourne* ; d'après cela on la croirait plus commune. Peut-être prennent-ils une mousse pour elle.

1124. L. inundatum Lin. — Marais, bruyères humides. Avril-septembre. ♃. C. — La chaîne du Menez, de Boquien à Montcontour. R.

1125. L. selago Lin. — Landes humides. Mai-août. ♃. — Bruyères marécageuses du Cas des Noës, près de Collinée.

CHARACEÆ Rich.

CHARA Lin. (Part.).

1126. Ch. hispida Lin. — Eaux stagnantes des tourbières de Châteauneuf. Juillet. — Nulle dans le granite. R.

1127. Cʜ. ꜰᴀᴇᴛɪᴅᴀ A. Braun., *C. vulgaris* L. ex parte. — Eaux tranquilles des mares, des étangs, etc. Juillet-août. AC.

β. *subhispida* A. Braun., *C. decipiens* Desv. — Tiges munies de papilles et d'aiguillons nombreux. — Marais saumâtres à Ploubaloy, Saint-Briac.

γ. *longibracteata* A. Braun. — Eaux claires AC.

δ. *condensata* A. Braun. — Marais sablonneux du littoral.

1128. Cʜ. ꜰʀᴀɢɪʟɪs Desv., *C. pulchella* Walh. — Marais, mares, etc. Juin-julllet. PC.

β. *capillacea* Thuill. — Forêt de Coëtquen; mares des landes. PC.

1129. Cʜ. ᴀʟᴏᴘᴇᴄᴜʀᴏɪᴅᴇs Delile. — Fond sablonneux des marais salés; toutes les salines de Saint-Sulliac, où il est abondant. — Cette belle espèce, qui n'a encore été trouvée qu'en Corse et à Marseille, a une organisation tout-à-fait remarquable. Ses rameaux fructifères ressemblent à des épis, et lui donnent un aspect particulier. Ses feuilles inférieures sont d'un vert-noirâtre, mais les supérieures ainsi que les épis sont d'un vert doré translucide, très-brillant. Elle noircit par la dessiccation.

NITELLA Aɢᴀʀᴅʜ.

1130. N. ᴛʀᴀɴsʟᴜᴄᴇɴs Pers., *sub Chara*. — Tourbières de Châteauneuf, où elle est assez abondante. — R. à l'intérieur; Tréverien, AR.

1131. N. ꜰʟᴇxɪʟɪs Lin., *sub Chara*. — Eaux claires, tranquilles; forêt de Coëtquen, bois de la Garaye, etc. — Semble AC. — La forme à rameaux courts et raides, qui remplit les ornières de la forêt d'Yvignac, pourrait être *C. Brongnartiana* C. et G. — Prise trop jeune.

1132. N. ᴄᴀᴘɪᴛᴀᴛᴀ Agard. — Eaux claires tranquilles; étang de Jugon, étang de Beaulieu. — Diffère de la *N. opaca*, à laquelle on l'a réunie quelquefois par la structure de ses tiges : leur tissu est plus lâche et presque transparent. AR.

1133. N. ɢʀᴀᴄɪʟɪs Smith., *sub Chara*. — Mares des landes, forêt de Coëtquen. Juillet. R.

1134. N. ᴏᴘᴀᴄᴀ Agardh. — Tiges longues, fortes, épaisses, d'un vert terne, opaque, mais non incrustées. — Queue de l'étang de Dombriant, ruisseau de la vallée de Bobital, etc. Juillet-août. AR.

CLASS. IVᵃ — CRYPTOGAMÆ CELLULARES.

MUSCI

Ordo I. — Musci cleistocarpi.

Trib. I.—Phascaceæ Schimp. Syn.

Fam. I. — *EPHEMEREÆ* Schpr.

EPHEMERUM Hampe.

1135. E. serratum Schrb. — Terres grasses, humides. — Fructif. Octobre-mars. — Jardins de l'Échapt, talus des bois. — Répandu, mais peu abondant.

Fam. II. — *PHASCEÆ* Schpr.

SPHOERANGIUM Schpr.

1136. S. muticum Schreb. — Terres humides des côteaux, des chemins etc. — Côteaux de la vallée de la Rance, etc. — Fructif. Mars-avril. C.

PHASCUM Lin.

1137. P. cuspidatum Schreb. — Terre battue des chemins et des talus. Fructif. Mars-avril. — C. dans les allées des bois, sur le bord des routes, etc. C,

ç *piliferum* Schreb., Schpr. — Côteaux de la Rance. — Moins C. que la forme *cuspidatum*, et ne venant pas dans les mêmes stations, du moins ici,

Obs. — Je n'ai rencontré, comme on voit, que fort peu d'espèces de cette famille; beaucoup sans doute m'auront échappé. J'ai des raisons de croire que *P. rectum* Sm., qui croît en Angleterre, en Normandie et à Nantes, n'est pas rare autour de Saint-Malo, du côté de Paramé.

Trib. II. — Bruchiaceæ Schpr.

Fam. I. — *PLEURIDIEÆ* Schpr.

PLEURIDIUM Brid.

1138. P. nitidum Hedwg. — Talus humides, bords des étangs desséchés. — Fructif. Novembre-décembre. — Forêt de Coëtquen ; étang du Rouvre en Plenguencuc. PC.

1139. P. subulatum Lin. — Terres sablonneuses humides. — Fructif. Mars-mai. — CC. partout, et jusqu'en été.

1140. P. alternifolium Brid., Schpr. — Lieux humides inondés l'hiver, etc. — Presque toutes les forêts ; toutes les landes. — Fructif. Mai-Juin C.

Trib. III. — **Archidiaceæ** Schpr.

Fam. I. — *ARCHIDIEÆ* Schpr.

ARCHIDIUM Brid.

1141. A. alternifolium Dicks *sub Phasc.* — Lieux humides ; pelouses des bois des routes, etc. — C. mais stérile.

Ordo II. — A. Musci stegocarpi.

Trib. I. — **Weisiaceæ** Schpr.

Fam. I. — *WEISIEÆ* Schpr.

GYMNOSTOMUM Br. et Schpr.

1142. G. microstomum Hedw. — Parois des fossés, des talus. — Fructif. Mars. — Forêt de Coëtquen, falaises du littoral. AR.

WEISIA Hedw.

1143. W. viriduda Brid. — Talus, fossés, etc. — Fructif. Avril-mai. CC.

1144. W. fugax Hedw. — Fissures des rochers granitiques. — Fructif. Mai-juin. — Rochers de la Courbure, à Dinan. R.

1145. W. cirrhata Hedw. — Roches de granit et de quartz. — Fructif. Mars-avril. — Vallée de Bobital ; vallée de la Rance ; cimes du Menez. AR.

Fam. II. — *DICRANEÆ* Schpr.

CYNODONTIUM Shrh.

1146. C. bruntoni Smith. — Roches granitiques. — Fructif. Avril-mai. La Courbure, rochers du Viaduc, à Dinan. R.

DICRANELLA Schpr., Syn.

1147. D. varia Hedw. — Talus, chemins. — Fructif. Septembre-novembre. — Bois, talus des champs. — Çà et là, mais peu commun.

1148. D. heteromalla Lin. — Fossés, talus des bois, des côteaux. — Fructif. Mars-avril. — CC. partout.

DICRANUM Hedw.

1149. D. scoparium Lin. — Rochers, bois, etc. — Fructif. Juillet-août.
— CC. partout.

β. *orthophyllum* Schpr. — Pelouses des bois. AR.

δ. *paludosum* Schpr., Syn. — Marais. AR. — Plante polymorphe, présentant d'innombrables variétés de couleurs et de formes, suivant les terrains.

1150. D. majus Turn. — Côteaux frais, bois. — Fructif. Juin-août. — C. vallée de la Rance; falaises du littoral. AC.

1151. D. palustre de la Pyl. — Bois marécageux. — Forêts de Coëtquen, d'Yvignac, de la Hunaudaie; C. au Menez. — Stérile. AC.

1152. D. undulatum Brid. — Rochers et bois ombragés. — Fructif. Juillet-août. — Vallée de la Rance, forêt de Coëtquen et de Boquien. AC.

DICRANODONTIUM Br. et Schpr.

1153. D. sericeum Schpr. *in litt.!* — Granit, rochers de la vallée de l'Échapt en Lehon. — RR. et stérile.

CAMPYLOPUS Brid.

1154. C. flexuosus Lin. — Souches pourries du châtaignier à la forêt d'Yvignac, où il est abondant. Forêt de Boquien. — Fructif. Avril-mai.

1155. C. fragilis Dick. — Roches granitiques. — Abondant par localités dans presque toutes les vallées. — Stérile. AC.

1156. C. torfaceus Br. et Schpr. — Lieux marécageux. — Forêt de Boquien, marais de Troerne et du cas des Noës à Collinée. — AR. Stérile.

1157. C. longipilus Brid. — Lieux pierreux, rochers. — Abondant sur les rochers du Chêne-Vert et du Cap Fréhel; granite et grès. — R. Stérile.

Trib. III. — **Leucobryaceæ** Schpr.

Fam. — *LEUCOBRYEÆ* Schpr.

LEUCOBRYUM Hamp.

1158. L. glaucum Lin. — Bois, etc. — Fructif. Novembre-avril. — C. dans tous les bois, mais souvent stérile.

Trib. IV. — **Fissidentaceæ** Schpr.

Fam. I. — *FISSIDENTEÆ* Schpr.

FISSIDENS Hedw.

1159. F. bryoides Hedw. — Lieux frais ombragés, pierres et terre. —
C. Fructif. Novembre-Janvier.

1160. F. exilis Hedw. — Mêmes lieux. — Novembre-janvier. — Vallée
de la Rance. R.

1161. F. taxifolius Lin. — Bois, bord des ruisseaux, etc. — Fructif.
Octobre-décembre. AC.

1162. F. adianthoides Dill., Lin. — Bois, pelouses fraîches, roches. —
Fructif. Novembre-février. CC.

CONOMITRIUM Montagn.

1163. C. julianum Savi. — Fontaines; toutes les fontaines du granit.
Ne vient ni dans les mares ni dans les ruisseaux. — Fructif.
Mai-juin. Ne fructifie pas en liberté.

Trib. V. — **Seligeriaceæ** Schpr.

Fam. I. — *SELIGERIÆ* Schpr.

SELIGERIA Br. et Schpr.

1164. S. pusilla Hedw. — Rochers calcaires du Quiou à Saint-Juval,
où il abonde. — Fructif. Juillet-août. R.

Trib. VI. — **Pottiaceæ** Schpr.

Fam. I. — *POTTIEÆ* Schpr.

POTTIA Ehrh., *Gymnostomum* et *Anacalypta auc. plurim.*

1165. P. minutula Schwg. — Terre argileuse. — Fructif. Novembre-
décembre. C.

1166. P. truncata Lin. — Champs, talus, sur la terre. — Fructif.
Janvier-Avril. C.

1167. P. cæspitosa Bruch., Schpr. *sub Anacalypta.* — Trouvé une
seule fois, le 6 mars 1862, sur la terre; entre les rochers au
promontoire de Lavarde, près de Saint-Malo. RR.

1168. P. lanceolata Dicks. — Talus, champs, etc. — Fructif. Mars-
avril. C.

DIDYMODON Hedw.

1169. D. rubellus Roth. — Rochers, etc. — Falaises de la Rance au
Chastellier, à Taden et le long de la plaine. — Stérile R.

EUCLADIUM Bruch. et Schr.

1170. E. verticillatum Lin. — Rochers humides; rochers calcaires du Quiou; falaises du littoral à Saint-Malo, Dinard, Saint-Briac et Saint-Jacut. — R. Stérile.

Fam. III. — *CERATODONTEÆ* Schpr.

CERATODON. Brid.

1171. C. purpureus Lin. — Bruyères, carrières, etc. — Fructif. Mars-avril. CC.

Fam. IV. — *TRICHOSTOMEÆ* Schpr.

LEPTOTRICHUM Hamp.

1172. L. tortile Schrad. — Sables maritimes; mielles de Saint-Malo. — Fructif. Décembre-janvier. R.

1173. L. flexicaule Schwgr. — Sables; tous les sables du littoral. — Stérile. AC.

1174. L. pallidum Schreb. — Talus, bois; forêt de Coëtquen. — Fructif. Mars-avril. R.

TRICHOSTOMUM Hedw.

1175. T. tophaceum Brid. — Rochers humides; falaises du littoral à Saint-Malo, Dinard, Saint-Jacut, etc. — Fructif. Novembre-mars. AR.

1176. T. mutabile Br. et Schpr. — Sables humides du littoral à Dinard. — Fructif. Mars. — AR. mais abondant dans ses localités.

1177. T. crispulum Bruch. — Sables, mielles de Dinard. — R. stérile.

BARBULA Hedw. *Emend.*

1178. B. rigida Schultz., *L. enervis* Hook. — Parois des fossés, etc., sur la terre. — Fructif. Novembre-mars. C.

1179. B. ambigua Br. et Schpr. — Mêmes lieux et rochers. — Fructif. Novembre-mars. — Vallées autour de Dinan, région maritime. R.

1180. B. cavifolia Ehrh., *sub Potia.* — Champs, talus. — Fructif. Mars. — Çà et là sur le littoral. R.

1181. B. unguiculata Dill. — Murs, rochers, talus. — Fructif. Mars-avril. — C. et très-variable.

1182. B. fallax Hedw. — Terre argileuse humide. — Fructif. Novembre-janvier. — Dinan, Saint-Malo. R.

1183. B. gracilis Schw. — Talus de la forêt de Coëtquen. — Fructif. Mars-avril. RR.

1184. B. revoluta Schw. — Murs, rochers, etc. — Fructif. Mars-Mai. AC.

1185. B. convoluta Hedw. — Talus, murs couverts de terre. — Fructif. Mai-juin. C.

1186. B. tortuosa Lin. — Sables, mielles de Dinard et de Saint-Malo. — Stérile. AR.

1187. B. squarrosa de Notar. — Sables, mielles de Saint-Jacut et de Saint-Briac. — Stérile. R.

1188. B. cuneifolia Dicks. — Talus, murailles couvertes de terre. — Fructif. Mai. — Tous les environs de Dinan, à Lehon, Saint-Carné, Taden, etc. — Moins C. sur le littoral. AC.

1189. B. muralis Lin. — Murs, roches, terre des talus. — Fructif. Octobre-avril. CC. — Varie beaucoup, surtout pour la longueur du poil des feuilles. — Elle croît sur la terre à Taden, où je l'y ai recueillie plusieurs années de suite.

1190. B. subulata Lin. — Terre fraîche des talus, des rochers. — Fructif. Mars-avril. C.

1191. B. lævipila Brid. — Troncs d'arbres. — Çà et là ; souvent peu répandue. AC. — Fructif. Avril.

1192. B. ruralis Lin. — Murs, sables, talus. — Fructif. Mars-mai. — C., souvent stérile. Couvre les sables maritimes d'immenses tapis d'un vert ferrugineux.

Trib. VII. — Grimmineæ Schpr.

Fam. II. — GRIMMIEÆ Schpr.

La 1re famille n'est pas représentée. Cependant je crois avoir rapporté des ruisseaux du Menez le *Cinclidotus riparius* Host., mais j'en ai perdu les échantillons.

GRIMMIA Ehrh.

1193. G. apocarpa Lin. — Rochers, pierres. — Fructif. Février-avril. CC.

1194. G. maritima Turn. — Rochers des falaises. — Fructif. Mars-avril. — Saint-Malo et environs, sur les rochers. — C'est la plus maritime de toutes nos espèces ; on la trouve souvent couverte du sable que déposent sur les roches les vagues des grandes marées. AC.

1195. G. ORBICULARIS Br. et Schpr. — Murs et rochers. — Fructif.
 Avril. — Murs de la route de Saint-Malo à Paramé; exposit. S.
 S.-O. — Rochers quartzeux de Rotheneuf, exposit. S. E.

1196. G. PULVINATA Lin. — Murs, rochers, etc. — Fructif. Avril-mai. CC.
 β. *obtusa* Schpr., *F. africanus* Hedw. — Sur les rochers PC.
 γ. *longipila* Sch. — Murs des vieilles églises, des vieux châteaux,
 etc. AR.
 ς. *viridis*. Sch. — Toutes les feuilles, vertes et quelquefois sans aucune apparence de bord hyalin. — Vallée de la Rance, sur les
 pierres, les murs et les rochers aux lieux un peu frais. —
 Forme très-répandue sur les roches de la plaine de Taden. AC.

1197. G. SCHULTZII Brid. — Rochers. — Fructif. Mars-avril. — Tous
 les rochers de formation granitique, tant dans les plaines que sur
 les hauteurs. Se retrouve également sur les falaises. CC.

1198. G. TRICHOPHYLLA Grev. — Se rencontre assez fréquemment sur
 quelques hauts rochers à l'exposit. S.-O. dans la vallée de la
 Rance, sur les pentes du Menez. — Stérile. AR.

1199. G. OVATA Web. et Mohr. — Rochers. — Fructif. Mai-juin et
 juillet. — Presque tous les rochers granitiques de la Rance
 exposés au S. ou au S.-O., etc. AC.

1200. G. LEUCOPHÆA Grev. — Rochers. — Fructif. Mars-avril. —
 Couvre quelques rochers granitiques au Chastellier, à Pleudihen,
 dans le Menez. AR.

1201. G. MOTANA Br. Schpr. — Rochers. — Rochers granitiques du
 Chêne-Vert en Plouer. — Stérile. RR.

RACOMITRIUM Brid. ex part.

1202. R. ACICULARE Lin. — Roches des ruisseaux. — Fructif. Mars-
 mai. — Ruisseau de la Chesnaye à la forêt de Coëtquen ; rochers
 humides de la vallée de Bobital, où il est C. — Vallée de la
 Rance, etc. AR.

1203. R. PROTENSUM Al. Braun. — Roches humides l'hiver. — Fructif.
 Mars-avril. — C. dans les vallées de la Rance, de Bobital, et
 quelques autres. — Se retrouve sur les pentes du Menez. AC.

1204. R. HETEROSTICHUM Hedw. — Rochers et pierres. — Fructif. Mars-
 mai. — C. sur tous les rochers C.
 β. *alpestre* Schpr., *in litt.* — Forme des grands rochers dans les
 côteaux élevés ; — m'a semblé AC.

1205. R. lanuginosum Dill. — Roches granitiques. — La vallée de la
Rance à Plouer ; le Menez. — AR. stérile

1206. R. canescens Lin. — Graviers, pierrailles. — C. mais stérile.
β. ericoides Schpr. — Lieux plus secs, bruyères, etc. — Plus C.
stérile.

Fam. III. — *HEDWIGIEÆ* Schpr.

HEDWIGIA Ehrh.

1207. H. ciliata Dicks. — Rochers granitiques. — Cette belle espèce
est très-commune sur toutes nos roches. — Fructifie toujours.
Mars-avril.
β. viridis Schpr. — Mêlée à la première, surtout sur les roches humides l'hiver.

Fam. IV. — *PTYCHOMITRIEÆ* Schpr.

PTYCHOMITRIUM Br. et Schpr.

1208. P. polyphyllum Dick. — Pierres et rochers ombragés. — Fructif.
abondamment. Février-mars. — C. dans la vallée de l'Échapt ;
puis çà et là, mais plus R. AC.

Fam. V. — *ZYGODONTEÆ* Schpr.

ZYGODON Hook.

1209. Z. viridissimus Dicks. — Talus, rochers, corps d'arbres. — C.
mais très-R. en fructif. Avril-mai. — Je l'ai trouvé une fois en
fruits sur le corps d'un chêne, dans la vallée de Bobital.

Fam. VI. — *ORTHOTRICHEÆ* Schpr.

ULOTA Mohr., Schpr.

1210. U. Bruchii Horns. — Corps d'arbres. — Fructif. Juin-juillet.
R. à Dinan. — Un peu plus répandu à Yvignac et Coëtquen. —
CC. à Boquien. AC.

1211. U. crispa Hedw. — Corps d'arbres. Mai-juillet. — Répandu partout, mais non C.

1212. U. phyllantha Brid. — Rochers de la Rance, à Taden et à l'écluse
de Livet. — Stérile. RR.

ORTHOTRICHUM Hedw.

1213. O. Sturmii Hopp. — Rochers granitiques. Mai. — C. autour de
Dinan. — Je l'ai pris aussi, mais plus rarement, à Bobital, le
Chêne-Vert, le Menez, etc. AC.

1214. O. ANOMALUM Hedw. — Rochers, etc. — Avril-mai. C.

1215. O. PUMILUM Swartz. — Fructif. Mai-juin. — Corps des peupliers de la Rance. AR.

1216. O. AFFINE Schrad. — Fructif. Juin-août. — C. sur les corps des arbres.

1217. — O. DIAPHANUM Schrad. — Fructif. Mars-avril. — Corps des peupliers ; ormes des promenades, etc. AC.

1218. O. LEIOCARPUM Br. et Schpr. — Rochers, pierres, troncs, etc. — Fructifie. Mars-avril. C.

1219. O. LYELLII Hook. — Corps des chênes. — Fructif. Juin-juillet. — Assez répandu. — Je ne l'ai vu qu'une fois en fruits à la forêt d'Yvignac, où il croît sur le hêtre.

Fam. VII. — *TETRAPHIDEÆ* SCHPR.

TETRAPHIS HEDW.

1220. T. PELLUCIDA Dill. — Souches pourries, etc. — Fructif. Mars-avril. C.

Fam. VIII. — *ENCALYPTEÆ* SCHPR.

ENCALYPTA SCHREB.

1221. E. VULGARIS Hedw. — Murs, roches. — Fructif. Février-avril. — Murs du pont à Dinan ; rochers du Quiou à Saint-Juvat, etc. AR.

1222. E. STREPTOCARPA Hedw. — Falaises de Saint-Malo et de Saint-Briac. — Stérile. R.

Obs. — J'ai longtemps et en vain cherché le *Schistotega osmundacca*, assez répandu de l'autre côté du détroit. Il devra se trouver dans le Finistère dont le terrain et la flore rappellent en tant de points le pays de Galles.

Trib. IX. — **Splachnaceæ** Schpr.

Fam. II. — *SPLACHNEÆ* SCHPR.

SPLACHNUM LIN.

1223. S. AMPULLACEUM Dill. — Marais, sur les vieilles fientes de bestiaux et sur la tourbe. — Fructif. Juin-juillet. — Marais d'Yvignac près de l'étang. — C. au Mencz, notamment au Cas des Noës, près Collinée. R.

Trib. X. — **Funariaceæ** Schpr.

Fam. II. — *PHYSCOMITRIEÆ* Schpr.

PHYSCOMITRIUM Brid.

1224 P. sphæricum Schw. — Vases des étangs. — Fructif. Novembre-février. — Trouvé une fois le 17 novembre, à l'étang du Rouvre en Pleugueneuc. RR.

1225. P. pyriforme Lin. — Terres grasses, humides, prés. — Fructif. Mars-avril. C.

ENTOSTHODON Schæw.

1226. E. ericetorum Bals. — Landes et bruyères. — Fructif. Avril-juin. — Landes de la forêt de Coëtquen, de Plélan, d'Yvignac. — Localisé, mais non R.

1227. E. fasciculare Dicks. — Talus, côteaux. — Fructif. Mars-avril. — côteaux de la Rance, etc. AC.

FUNARIA Schreb.

1228. F. hygrometrica Lin. — Fructif. Mai-juin. — CC. sur toutes les terres humides.

Trib. XI. — **Bryaceæ** Schpr.

Fam. II. — *BRYEÆ* Schpr.

WEBERA Hedw.

1229. W. nutans Schreb. — Pelouses des côteaux frais. Avril-mai. — C. dans la vallée de l'Échapt ; sur les côteaux du Saint-Esprit à Dinan. R.

1230. W. carnea Lin. — Fructif. Mai-juin. — Oseraies de Lehon sur les pierres R.

BRYUM Dillen Emend., Schpr.

1231 B. bimum Schreb. — Rochers quartzeux humides et côteaux de la vallée de Bobital où il est abondant pendant 200 mètres. — Fructif. Mai-juin. R.

1232. B. torquescens Br. et Schpr. — Rochers de presque toute la vallée de la Rance ; côteaux de Lamballe. — Fructif. Mai-juin. AR.

1233. B. atropurpureum Web. et Mohr. — Roches humides des côteaux et graviers frais du littoral, etc. — Fructif. Mai-juin. C.

1234. B. ALPINUM Lin. — Rochers granitiques humides de tous les côteaux. — Fructif. Juin. C.

1235. B. CŒSPITICIUM Lin. — Rochers, toits, etc. — Fructif. Juin. C.

1236. B. ARGENTEUM Lin. — Partout où il y a un peu de terre. — Fructif. Novembre-mars. CC.

1237. B. CAPILLARE Lin. — Terre des talus et rochers. — Fructif. Mai-juin. — AC. varie trop.

1238. B. PSEUDOTRIQUETRUM Hedw. — Landes humides, marais, sur les vieilles souches de carex. — Fructif. Mai-juillet. — C. assez R. en fructif.

MNIUM Lin., Schpr.

1239. M. CUSPIDATUM Hedw. — Rochers et souches humides. — Fructif. Avril-mai. AC.

1240. M. AFFINE Bland. — Talus des bois, des côteaux. — Fructif. Mai. Vallée de la Rance, sur les petits murs de clôture ; forêt de Coëtquen. AR. — Cette espèce et la précédente fructifient rarement.

1241. M. UNDULATUM Dill. — Bois frais. — Fructif. Avril-mai. C.

1242. M. ROSTRATUM Schrad. — Rochers et souches humides. — Fructif. Mars-avril. AC.

1243. M. HORNUM Lin. — Bois humides, bords des ruisseaux. — Fructif. Avril-mai. C. — C'est le plus élégant et le plus C. des *mnium*.

1244. M. PUNCTATUM Lin. — Bords des ruisseaux des bois. — Fructif. Novembre-mars. C.

Fam. IV. — *AULACOMNIEÆ* Schpr.

AULACOMNIUM Schw.

1245. A. ANDROGYNUM Lin. — Rochers frais ; le Chêne-Vert ; vallée de l'Échapt, etc. AR. — Toujours stérile.

1246. A. PALUSTRE Lin. — Marais, marécages. — Fructif. Mai-juin. — C. partout ; ne fructifie qu'à la forêt d'Yvignac.

Fam. V. — *BARTRAMIEÆ* Schpr.

BARTRAMIA Hedw.

1247. B. POMIFORMIS Lin. — Talus, rochers, etc. — Partout. — Fructif. Mai-juin. CC.

PHILONOTIS Brid.

1248. P. fontana Lin. — Marais spongieux, etc. — Fructif. Mai-juillet. — Ne fructifie bien que sur les quartz humides à Bobital. C.

Trib. XII. — **Politrichaceæ** Schpr.

Fam. I. — *POLITRICHEÆ* Schpr.

ATRICHUM Pal., Beauv.

1249. A. undulatum Lin. — Côteaux, bois, etc. — Fructif. Décembre-mars. CC.

POGONATUM Pal. Beauv.

1250. P. nanum Lin. — Bruyères, côteaux, talus. — Fructif. Mars. CC.
β. Pedicelle très-long, tortueux, var β. *longisetum* Hamp. — Pins de la Chesnaye; côteaux des vallées autour de Dinan; atteint 10 centimètres.
1251. P. aloides Hedw. — Mêmes lieux et landes sèches. — Fructif. Mars-avril. — Plus rare.

POLYTRICHUM Lin.

1252. P. formosum Hedw. — Côteaux élevés et leurs bois. — Fructif. Juin-juillet. AR.
1253. P. piliferum Schreb. — Rochers, vieilles carrières, landes, etc. — Fructif. Avril-mai. CC.
1254. P. juniperinum Hedw. — Bruyères, rochers, etc. — Fructif. Mai-juin. C.
1255. P. commune Lin., *ex part.* — Marais, côteaux humides. — Fructif. Mai-juin. AC.

Ordo II. — *B.* Musci stegocarpi pleuranthi.

Trib. I. — **Fontinalaceæ** Schpr.

Fam. I. — *FONTINALEÆ* Schpr.

FONTINALIS Dillen.

1256. F. antipyretica Lin. — Ruisseaux, mares, etc. — Fructif. Avril et juillet très-rare. CC.

10

Trib II. — Neckeraceæ Schpr.

Fam. I. — CRYPHÆEÆ Schpr.

CRYPHÆA Mohr.

1257. C. heteromalla Dill. — Troncs des arbres. — Fructif. Mai-juin.
C. On la rencontre toujours en fruits dans les bois comme dans
champs, et sur presque tous les arbres.

Fam. II. — LEPTODONTEÆ Schpr.

LEPTODON Mohr.

1258. L. Smithii Dicks. — Troncs d'arbres et rochers à la forêt de Boquien. — R. Stérile.

Fam. III. — NECKEREÆ Schpr.

NECKERA Hedw. pro parte.

1259. N. pumila Hedw. — Troncs d'arbres; forêts d'Yvignac et de Boquien. — R. Stérile.

1260. N. crispa Lin. — Rochers, troncs d'arbres. — Fructif. Mars-avril.
— Tous les grands rochers ombragés de la vallée de la Rance;
Lamballe, etc. AC.

1261. N. complanata Lin. — Rochers, talus, troncs d'arbres. — CC.
Stérile.

HOMALIA Brid.

1262. H. trichomanoides Schreb. — Pierres, souches, terres humides
— Fructif. Octobre-novembre. AC.

Fam. IV. — LEUCODONTEÆ Schpr.

LEUCODON Schwægr.

1263. L. sciuroides Lin. — Troncs, rochers. — Fructif. très-rare.
Mars-avril. — C. Fructif. quelquefois dans les forêts d'Yvignac
et de Coëtquen.

Trib III. — Hookeriaceæ Schpr.

Fam. II. — HOOKERIEÆ Schpr.

PTERYGOPHYLLUM Brid.

1264. P. lucens Lin. — Bords des ruisseaux. — Fructif. Octobre-novembre. — Ruisseau de la Chesnaye à Coëtquen, où il fructif.
abondamment. Vallée de Bobital. R.

Trib. IV. — **Leskeaceæ** Schpr.

Fam. I. — *LESKEEÆ* Schpr.

LESKEA Hedw.

1265. L. POLYCARPA Ehrh. — Tronc des peupliers et des saules. —
Fructif. Mars-mai. PC.

ANOMODON Hook. et Tayl.

1266. A. VITICULOSUS Lin. — Rochers, talus, troncs d'arbres ombragés.
— Fructif. Mai-juin. — C. Fructifie assez rarement.

Fam. III. — *THUDIEÆ* Schpr.

THUIDIUM Hdw.

1267. T. TAMARISCINUM Hedw. — Bois, côteaux, etc. — Fruct. De-
cembre-mars. CC.

1268. T. DELICATULUM Lin. — Bois et côteaux sur les graviers. —
Fructif. Mai-juin. PC.

Trib. V. — **Hypnaceæ** Schpr.

Fam. I. — *PTEROGONIEÆ* Schpr.

PTERIGYNANDRUM Hdn.

1269. P. FILIFORME Tim. — Troncs des hêtres à Yvignac et Boquien. —
R. Stérile.

PTEREGONIUM Swartz.

1270. P. GRACILE Dicks. — Rochers, côteaux, etc. — Fructif. Mars-
avril. — CC. Fructifie bien. — Cette mousse très-robuste est bien
mal nommée.

Fam. II. — *CYLINDROTHECIEÆ* Schpr.

CLIMACIUM. Web. et Mohr.

1271. C. DENDROIDES Dill. — Prés humides, vieilles carrières. — Assez
répandu sans être commun. Lehon, Coëtquen, etc. — Stérile.

Fam. III. — *PYLAISIEÆ* Schpr.

PYLAISIA Schpr.

1272. P. POLYANTHA Hedw. — Troncs d'arbres, rochers, etc. — Fructif.
Novembre-Mars. — C. Fructifie communément sur les hêtres
d'Yvignac et les rochers de la Courbure.

Fam. IV. — *HYPNEÆ* Schpr.

ISOTHECIUM Brid.

1273. I. myurum Brid. — Bois, côteaux, etc. — Fruct. Février-mars. CC.

HOMALOTHECIUM. Schpr.

1274. H. sericeum Lin. — Murs, rochers, troncs, etc. — Fruct. Octobre-décembre. — CG. Varie à l'infini pour la couleur, la grandeur et la forme des tiges.

CAMPTOTHECIUM Schpr.

1275. C. lutescens Huds. — Bois et rochers humides près des eaux. — Fructif. Mars-avril. C.

BRACHYTHECIUM Schpr.

1276. B. salebrosum Hoffm. — Landes humides, etc. — C. à Coëtquen et Yvignac. — Stérile.

1277. B. albicans Neck. — Sables. — Fruct. Mars. — CC. sur les sables maritimes.

1278. — B. velutinum Dill. — Pierres, roches humides. — Fruct. Février-mars. C.

1279. B. rutabulum Lin. — Pierres, roches, etc. — Fructif. Novembre-mars. CC.

1280. B. rivulare Br. et Schpr. — Prairies marécageuses, etc. Fructif. Octobre-novembre. — Vallée de Bobital, de Languenan, etc. — AC. Souvent stérile.

1281. B. populeum Hedw. — Rochers ombragés. — Fructif. Novembre-mars. — AR. Plus répandu sur le littoral.

1282. plumosum Swartz. — Pierres et rochers des ruisseaux. — Fructif. Février-avril. — C. dans le granit à Dinan, Coëtquen, etc.

SCLEROPODIUM Schpr.

1283. S. illecebrum Schw. — Talus et rochers. — Fructif. Novembre-décembre. — Chemins creux des bois de la Garaye; le littoral. AR.

EURHYNCHIUM Schpr.

1284. E. myosuroides Lin. — Rochers. — Fructif. Février-avril. — CC. C'est la plus répandue de nos mousses.

1285. E. strigosum Hoffm. — Parois des fossés. — Fructif. Octobre-novembre. — Vallée de l'Échapt et vallées voisines, où il abonde. AR.

1286. E. circinnatum Brid. — Rochers, pierrailles. — Tout le littoral;
rochers calcaires du Qiou. — AC. Stérile.

1287. E. striatum Schreb. — Bois, côteaux. — Fructif. Novembre-
mars. CC.

1288. E. crassinervium Tayl. — Rochers couverts — Fructif. Mars. —
Vallée de la Rance, près de Taden et au Chastelier, R.

1289. E. piliferum Schreb. — Prés humides. — Vallée de Bobital. —
RR. Stérile.

1290. E. prælongum Lin. — Pierres, rochers, etc. — Fruct. Décembre-
février. — CC. Rare en fruits.

1291. E. pumilum Wils. — Rochers des côteaux de la Rance à la Courbure. — Stérile. R. — Port d'un *Amblystegium*.

1292. E. Stokesii Turn. — Rochers, pierres, terre des lieux humides.
— Fructif. Octobre-novembre. C.

RHYNCHOSTEGIUM Schpr.

1293. R. tenellum Dicks. — Rochers et murailles. — Fructif. Mars-
avril. — Çà et là. AR.

1294. R. confertum Dicks. — Rochers, etc. — Fructif. Novembre-
mars. C.

1295. R. murale Hedw. — Murs, pierres, etc. — Fructif. Mars-avril. —
Le littoral à Saint-Briac et près de Paramé. AR.

1296. R. rusciforme Weis. — Rochers et bois inondés. — Fructif Novembre-mars. — CC. Formes nombreuses bien difficiles à nom-
mer ou à séparer.

THAMNIUM Schpr.

1297. T. alopecurum Lin. — Bois ombragés; bords des ruisseaux couverts. — Fructif. Novembre-mars. — C. et assez répandu en
fruits, surtout dans les vallées boisées de la Rance.

PLAGIOTHECIUM Schpr.

1298. P. silesiacum Selig. — Vieilles souches d'aulnes dans les lieux
humides, à Saint-Carné, Yvignac et Boquien. — Fructif. Mai-
juin. R.

1299. P. denticulatum Dill. — Rochers, souches, etc., dans les bois
couverts. — Mars-juin. C.

1300. P. silvaticum Lin. — Rochers ombragés et humides. — Fructif.
Mai-juin. — Vallée de Bobital; vallée de la Rance, le Chêne-
Vert. R.

1301. P. UNDULATUM Lin. — Côteaux ombragés ou frais. — Fructif. Mai-Juillet. — Vallée aux Moines, où il fructifie; vallées des Caradeuc et de l'Echapt. R.

AMBLYSTEGIUM Schpr.

1302. A. SUBTILE Hedw. — Troncs d'arbres. — Fructif. Juillet-août. — Yvignac, sur les hêtres. R.

1303. A. CONFERVOIDES Brid. — Rochers granitiques de la vallée aux Moines et de la Courbure, près de Dinan. — Stérile. R.

1304. A. SERPENS L. — Murs, talus, troncs d'arbres, etc. — Fructif. Juin. CC.

1305. A. IRRIGUUM Wils. — Bois et pierres inondées; moulin de Pontperrin; vallée de Bobital, etc. — Fructif. Mai. — R. en fruits,

1306. A. RIPARIUM Lin. — Pierres des ruisseaux. — Fructif. Juin-septembre. — C. dans le granit.

β. *subsecundum* Schp. — La Chesnaye, Bobital.

ς. Forêt de Coëtquen.

HYPNUM Lin.

1307. H. CHRYSOPHYLLUM Brid. — Prés, pelouses fraîches, etc.; vallée de Bobital, etc. — AR. Stérile.

1308. H. STELLATUM Schreb. — Lieux marécageux. — Fructif. Juin-juillet. — C. Fructif. à Languenan.

1309. H. ADUNCUM Hedw. — Marais spongieux du Menez à Montcontour. — R. Stérile.

1310. H. FLUITANS Dill. — Mares, marais, etc. — C. à Coëtquen, l'Echapt, Yvignac, etc. — Stérile.

β. *submersum* Schpr. — Mares des landes de Saint-Solin, etc.

δ. *purpurascens* Schpr. — Mêmes lieux. — Toutes ces formes sont stériles.

1311. H. REVOLVENS Swartz. — Abonde dans le marais du Cas des Noës, dans le Menez, près de Collinée. — Stérile. R.

1312. H. UNCINATUM Hedw. — Lieux humides; vallée de la Rance. — C. à Yvignac. — Stérile. R.

1313. H. FILICINUM Lin. — Marais de Chantoiseau, sur la Rance. — Stérile. R.

1314. H. CUPRESSIFORME Lin. — Fructif. Mars-avril. — CC. le plus C. des *Hypnum*.

β. *tectorum* Schpr. — Toits, murs et falaises.

ς. *filiforme* Schpr. — Tronc des hêtres et rochers ombragés.

ς. *mamillatum* Schpr. — Roches des bois.

η. *ericetorum* Schpr. — Bruyères, landes. C.

λ. *argenteum* Mérat. — Tiges appliquées, feuilles d'un blanc argenté, capsule petite. — Fructif. très-rarement. — Côteaux humides, rochers. C.

1315. H. MOLLUSCUM Hedw. — Rochers, bois couverts. — Fructif. Avril-juin. — C. dans les vallées.

1316. H. CORDIFOLIUM Hedw. — Prés marécageux . — Fructif. Juin-Juillet. — Lehon, Yvignac où il est fructif, etc. AC.

1317. P. CUSPIDATUM Lin. — Lieux frais et humides. — Fructif. Juin. CC. mais R. en fruits.

1318. H. SCHREBERI Willd. — Bois, prés, etc. — Fructif. Août-octobre. — C. partout et R. en fruits.

1319. H. PURUM Lin. — Bois, vergers, etc. CC. — Fructif. Avril-mai. — Fructification AR.

β. *pinicola*. — Tiges exactement pennées, courtes, fortes ; feuilles grandes, très-concaves ; touffes épaisses, d'un vert foncé intense. — C. dans les bois de pin, à la Chesnaye, et au Menez. — Stérile.

1320 H. SCORPIOIDES Dill. — Marais, mares. — C. à l'étang du Rouvre; aux landes de Saint-Solin, Plélan, etc. AC. — Stérile.

HYLOCOMIUM Schpr.

1321. H. SPLENDENS Dill. — Bois, vergers, etc. — Fructif. Mars-avril. — CC. mais R. en fruit.

1322. H. BREVIROSTRUM Ehrh. — Pierres, roches des bois. — Fructif. Mars-avril. — C. au bois du Chêne à Dinan ; forêt de Coëtquen, etc. — fruits abondants.

1323. H. SQUARROSUM Lin. — Bois, landes, près. — C. presque partout; mais stérile.

1324. H. TRIQUETRUM Lin. — Bois, côteaux boisés. — Fructif. Mars. — C. fruits abondants à Coëtquen.

1325. H. LOREUM Dill. — Côteaux frais. — Fructif. Novembre-mars. — C. sur tous les sommets de la vallée de la Rance. — Fruits abondants. AC.

SPHAGNA.

SPHAGNUM Dill., Lin.

1326. S. ACUTIFOLIUM Ehrh. — Marais, etc. — Fructif. Juin-juillet. — CC. varie pour la couleur.

1327. S. cuspidatum Ehrh. — Marais spongieux. — Fructif. juillet. C.

β. *submersum* Sch. — Marais profonds.

1328. S. rigidum Schpr. — Landes humides. — Fructif. Juillet-août.
— Forêt de Coëtquen et d'Yvignac ; couvre les landes de l'étang
du Rouvre et le Menez. AC.

1329. S. molluscum Bruch. — Marais spongieux. — Fructif. Mai. — Le
Cas des Noës, près de Collinée, où il abonde. R.

1330. S. subsecendum Naes. — Marais. — AC. au Menez et probablement ailleurs. — Fructif. Juin.

1331. S. cymbifolium. Dill. — Marais. — Fructif. Juin-juillet. — Le
plus beau et le plus répandu des *Sphagnum* avec l'*acutifolium*.

HEPATICÆ.

Trib. I. — **Jungermanniæ** N. ab. E.

SARCOSCYPHUS Corda.

1332. S. Ehrharti Cord., *J. emarginata* Hüb. — Février-mai. — Sur
la terre et les rochers dans toute la vallée de la Rance. AC.

1333. S. Funkii N. *ab.* E. — Mars-mai. — Vallée aux Moines en Lehon,
sur la terre. — R. fructifie rarement. — Forêt de Coëtquen ;
stérile. — Notre plante paraît se rapporter à la forme *B. minor*
du Synops. Hepat.

ALICULARIA Corda.

1334. A. scalaris Schrad. — Sur la terre en avril. — Côteaux de
Lehon. R.

PLAGIOCHILA Nees. et Mont.

1335. P. spinulosa Dicks. — Rochers ombragés. — Mars-avril. — Stérile. RR. — Plante très-rare, assez C. en Angleterre, et connue
en France à Mortain seulement. — Je l'ai cueillie en abondance
dans les chemins rocheux qui sont au-dessous du Châtelier, à
6 kil. de Dinan, le 14 février 1862.

1336 P. asplenioides L. — Bois, rochers ombragés, etc. AC. — Stérile.

β. *humilis* Nees. — Vert sombre, fronde de 1-2 pouces. — AC. sur
les talus ombragés des côteaux.

SCAPANIA N.

1337. S. compacta Roth. — Rochers granitiques humides. — Mars-
mai. C.

1338. umbrosa Schrad. — Rochers frais. — Vallée de Bobital ; forêt de
Boquien ; Lehon. — RR. et jamais abondante.

1339. S. undulata Lin., Ek., t. 2, fig. 14. — Côteaux humides, rochers. Avril. — R. et localisée. — Vallée aux Moines; vallée de l'Echapt.

1340. S. nemorosa Lin. — Lieux humides des bois, etc. — Avril-mai. CC.

JUNGERMANNIA Lin.

1341. J. exsecta Schrad. — Mars-mai. — Bois de Pontual, près de Saint-Briac. R. — Cette Jongermanne, C. dans les calcaires, semble étrangère au granit.

1342. S. albicans Lin. — Talus humides, rochers. — Mars-avril. CC.

1343. J. crenulata Smith. — Talus, chemins des bois. — Mars-mai. — AC. par localité. — Environs de Dinan ; forêt de Coëtquen, d'Yvignac, etc. AC. — J'ai trouvé à l'écluse de Livet, en 1861, une Jongermanne stérile qui se rapportait bien à la fig. 26, tab. III. d'Ekart, *J. cordifolia* Hook. ; ayant perdu mes échantillons et n'ayant jamais repris la plante, je ne l'indique qu'avec doute.

1344. J. excisa Lin. — Parois sablonneuses des chemins, des fossés. — Mars-avril. — Stérile. — Vallée autour de Dinan. AC. — Le *synopsis hepatic.*, rapporte cette plante en citant la fig. d'Ekart, à la *porphyroleuca* N. ab E., et en fait la variété β. 3, *tenuior.*

1345. J. incisa Schrd. — Parois des fossés, etc. — Avril-mai. Stérile. — AC. tout autour de Dinan à la fin d'avril.

β. *elongata* N. ab E. — Vallée aux Moines parmi les mousses. R.

γ. *granulifera* N. ab E. — AC. Ekart, tab. X., fig. 77, semble donner cette forme, mais sans ses propagules.

1346. J. barbata Schreb. — Rochers humides. — Mars-avril. Stérile. — Côteaux de la Courbure, du Châtelier, de l'Échapt. R. doit exister ailleurs. — Je n'ai jamais trouvé que la forme A. *attenuata* Mart., Synops., Hepatic., p. 122.

1347. J. byssacea Lindg. — Terre argileuse. — Mars-avril. — Coëtquen, etc. AC.

1348. J. bicuspidata Lin. — Terres battues et pelouses moussues. — Mars. C. — Vallée aux Moines, etc., surtout sous les châtaigners et les hêtres.

1349. J. connivens Dicks. — *Sphagna* des marais spongieux. — Avril. AR. — C. sur les *Sphagnum* et l'*Aulacomnium* à Yvignac. Puis R. à Jugon, landes du Plélan, du Menez.

1350. J. curvifolia Dicks. — Troncs d'arbres pourris. — Mars-mai. R. Stérile. — Vallée de la Rance à Taden.

1351. J. setacea Web. — Marais. — Mars-mai. R. Stérile. — Forêts de
Coëtquen et de Boquien, dans les *Sphagnum* et le *Leucobryum*.

SPHAGNACÆTIS N, *ab* E.

1352. S. sphagni Dicks. — Dans les *Sphagnum*. — Mars-mai. Stérile. —
Très-abondant à Yvignac, à Boquien et dans le Menez. — AR. localisée, mais abondante à ses stations.

LOPHOCOLEA. N, *ab* E.

1353. L. bidentata Lin. — Lieux frais, etc. — Février-juin. — CC.
Stérile.

1354. L. heterophylla Schrad. — Troncs pourris. — Mars-avril. AC.
— Toute la vallée de la Rance, sur les souches du châtaigner. AC.

CHILOSCYPHUS N. *ab* E.

1355. C. polyanthos Lin. — Bords des ruisseaux. — Octobre-avril.
Stérile. — Vallée de la Rance, Coëtquen, Boquien, tout le
Menez. AC.

CALYPOGEIA Raddi.

1355. C. trichomanis Spr. — Sur la terre argileuse. — Mars-mai.
Fructif. — R. Forêt de Coëtquen, d'Yvignac, etc. — Environs
de Dinan, etc., AC.

LEPIDOZIA N. *ab* E.

1357. L. reptans L. — Troncs pourris. — Avril-mai. — C. Souvent
stérile.

MASTIGOBRYUM N. *ab* E.

1358. M. trilobatum L. — Rochers humides. — Mars-mai. — Rochers du
bois de Chêne au-dessus de la source, près Dinan. — RR. Stérile.

TRICHOCOLEA Dum.

1359. T. tomentella Ehrb. — Marais herbus. — Mars-avril. — Vallée
de Bobital, le Menez à Collinée. — R. Stérile.

RADULA N. *ab* E.

1360. B. complanata Lin. — Troncs d'arbres. — Février-mai. C. — Je
l'ai trouvé aussi sur les rochers à la Courbure et à la vallée
douce, et sa couleur est alors bien plus jaune.

MADOTHECA. Dum.

1361. M. lævigata Lin. — Troncs d'arbres. — Octobre-mars. — Forêt
d'Yvignac sur le hêtre. — RR. Stérile.

1462. M. PLATYPHYLLA Lin. — Pierres, rochers, troncs d'arbres, etc. —
Octobre-mai. — CC. Stérile.

LEJEUNIA LIB. GOTTSCHE.

1363. L. SERPYLLIFOLIA Dicks. — Rochers humides. — Octobre-mai. —
Vallée de la Rance, forêt de Coëtquen, etc. AC.

FRULLANIA RADDI.

1364. F. DILATATA Lin. — Troncs d'arbres, rochers. — Mars-mai. CC.
β. *microphylla.* — Troncs humides.
1365. F. TAMARISCI Lin. — Rochers, pied des arbres. — Octobre-juillet.
— Fructif. très-rare. C.

Fam. II. — *FRONDOSEÆ.*

FOSSOMBRONIA RADDI.

1366. F. PUSILLA Lin. — Terre argileuse, humide. — Octobre-novembre
et Juillet-août. AC.

PELLIA RADDI.

1367. P. EPIPHYLLA. Lin. Bords das eaux sur la terre. — Mars-avril. CC.
α. *Nees* Lin. — Ruisseaux. — CC. Fructifie toujours.
β. δ. *crispa* Nees., Scop. — Marais à *Sphagnum*, le Menez, etc.—AC.
Stérile.
β. η. *lorea* Nees. — Parmi les *Sphagnum.* — AC. Stérile.

ANEURA DUN.

1368. A. PINGUIS Lin. — Murs et rochers humides. — Octobre-janvier.
— Vallée de la Fontaine-des-Eaux, parois des fontaines, etc. AC.
1369. A. MULTIFIDA. Lin. — Bords des marais. — Octobre-avril. — Souvent stérile. — AR. Oseraies de Lehon, etc.

METZGERIA RADDI.

1370. M. FURCATA Lin. — Rochers, troncs humides. — Octobre-mars.
— Fructif. Rare. AC.

Trib. II. — **Marchantieæ** NEES *ab* E.

MARCHANTIA LIN.

1371. M. POLYMORPHA Lin. — Fructif. — Avril-Juin. — C. mais ordinairement stérile. — Toujours en pleine fructif. sur les charbon-
nières de Boquien.

FEGATELLA Rad.

1372. F. conica Lin. — Parois humides des routes, etc. — Mai. —
Souvent stérile. C.

TARGIONIA. Mich.

1373. T. hypophylla Lin., *T. Michelii* Corda. — Avril. — C. sur les
murs, les rochers où il y a un peu de terre, surtout au N. et à
l'O. C.

Trib. III. — **Anthoceroteæ** N. *ab* E.

ANTHOCEROS Mich., Lin.

1374. A. punctatus L. — Terre argileuse des bois. — Mai-juillet. —
C. à la forêt de Coëtquen, vallée de l'Échapt; Yvignac, Bobital. AR.

1375. A. lævis Lin. — Mêmes lieux. Octobre-janvier. — Forêt de Coëtquen; vallée de l'Échapt. AR. — Bien moins abondant que le
précédent.

Trib. V. — **Riccieæ** Lindenbg.

1376. R. glauca L. — Terres humides; fond des étangs desséchés. Juin-
juillet. C. — Une Ricie à fronde orbiculaire très-grande se trouve
çà et là dans les anfractuosités des rochers de la Rance; elle apparaît de février à mars. Elle passe promptement aux premiers
rayons de soleil. Je la rapporte à la *R. glauca*, quoiqu'elle soit
d'un vert clair et bien plus grande.

1377. R. natans Lin. — Eaux tourbeuses. Juin-juillet. — CC. à Châteauneuf, où elle couvre toutes les eaux à la manière des *Lemna* R.

1378. R. fluitans L. — Eaux claires et tranquilles. Juillet-octobre. R.
— Lehon; landes de Saint-Solin. — Abondant à Morieux et
Lamballe. — Je n'ai trouvé que la forme *A. fluitans* N. *ab* E.,
R. eudichotoma Bisch.

Bordeaux. — Imp. de F. Degréteau et Cie.

9 782014 453775